Sinai Waleed
Khalid A Habib
Salim R Al Obaidie

Deteção, produção e efeitos histopatológicos da fumonisina B1

Sinai Waleed
Khalid A Habib
Salim R Al Obaidie

Deteção, produção e efeitos histopatológicos da fumonisina B1

ScienciaScripts

Imprint
Any brand names and product names mentioned in this book are subject to trademark, brand or patent protection and are trademarks or registered trademarks of their respective holders. The use of brand names, product names, common names, trade names, product descriptions etc. even without a particular marking in this work is in no way to be construed to mean that such names may be regarded as unrestricted in respect of trademark and brand protection legislation and could thus be used by anyone.

Cover image: www.ingimage.com

This book is a translation from the original published under ISBN 978-3-659-85490-3.

Publisher:
Sciencia Scripts
is a trademark of
Dodo Books Indian Ocean Ltd. and OmniScriptum S.R.L publishing group

120 High Road, East Finchley, London, N2 9ED, United Kingdom
Str. Armeneasca 28/1, office 1, Chisinau MD-2012, Republic of Moldova, Europe
Managing Directors: Ieva Konstantinova, Victoria Ursu
info@omniscriptum.com

Printed at: see last page
ISBN: 978-620-8-38059-5

Índice:

Dedicação

Ao meu Criador e ao meu Mestre, Alá
Ao meu grande mestre e mensageiro, Maomé (PBUH)
À memória do meu querido pai
À minha mãe, pelo seu amor e apoio sem fim
Às minhas irmãs, pelo seu esforço, apoio e simpatia.
Ao meu querido marido, pelo seu amor, paciência e apoio.
À vela dos meus filhos que vivem
A todas as pessoas que me ajudaram neste trabalho.

Obrigado a todos

Sinai

Agradecimentos

Antes de mais, agradeço ao meu Deus (**Alá**) por me ter inspirado força, paciência e vontade para realizar este trabalho.

Gostaria de expressar o meu sincero apreço e profunda gratidão ao meu supervisor, **Prof. Dr. Khalid A. Habib**, pelo seu apoio, supervisão e orientação contínuos ao longo deste trabalho.

Os meus agradecimentos são extensivos ao co-orientador**, Prof. Dr. Salim R. Al-Obaidie**, pela sua cooperação e pela disponibilização de instalações relacionadas com a histopatologia neste estudo.

Gostaria de agradecer à Faculdade de Ciências para Mulheres / Universidade de Bagdade e ao Departamento de Biologia que me deram esta oportunidade de prosseguir os meus estudos.

Os meus agradecimentos especiais ao **Dr. Essam F. Al-Jumaily** do Instituto de Engenharia Genética e Biotecnologia para Estudos de Pós-graduação, ao **Dr. Abd al-Jabbar Abass Ali** do Ministério da Ciência e Tecnologia, ao **Dr. Batool Omran** da Universidade Al-Iraqia, ao **Dr. Jasim Muhammed Abdallah** e ao **Mis. Eman Noman** do Centro de Investigação em Biotecnologia da Universidade de Al-Nahrain, pela sua ajuda na realização deste trabalho.

Um agradecimento especial a todos os membros do pessoal da Unidade de Investigação Biológica Tropical/Faculdade de Ciências/Universidade de Bagdade, por me terem apoiado neste trabalho.

Quero expressar a minha sincera gratidão e respeito à minha família pelo seu apoio e encorajamento.

Por último, os meus agradecimentos a todos os que contribuíram para a realização deste estudo.

Sinai

Resumo

O estudo teve como objetivo identificar as espécies de *Fusarium* associadas aos grãos de milho e a sua capacidade de produzir fumonisina B1 utilizando métodos tradicionais e moleculares. Foram testadas as condições óptimas de produção de FB1. Foram estudados os efeitos da FB1 nos tecidos do fígado, dos rins e do baço de ratinhos albinos e medidos os seus efeitos nas enzimas do fígado e dos rins afectados.

Oitenta e oito amostras de milho foram recolhidas entre novembro de 2013 e março de 2014 em mercados locais e silos da província de Bagdade (trinta e cinco em silos e cinquenta e três em mercados). *Fusarium verticillioides* e *F. proliferatum* foram investigados e a sua capacidade de produzir Fumonisina B1 foi detetada utilizando: Reacções em cadeia da polimerase (PCR), cromatografia em camada fina (TLC) e técnicas de ensaio de imunoabsorção enzimática (ELISA). Foram obtidos os seguintes resultados no presente estudo:

1. Os géneros de fungos isolados do milho foram: *Aspergillus* (58,6 %) seguido de *Fusarium* (17,5%), *Rhizopus* (6,8 %), *Alternaria* (6,1 %), *Mucor e Penicillium* (3,9 %), *Bipolaris* (1,9 %) e *Trichothecium* (1,2%).
2. A espécie predominante entre os *Fusarium* foi *F. verticillioides* (70,64%).
3. A utilização de reacções PCR específicas para espécies de *Fusarium* revelou que, de setenta e sete isolados, treze isolados pertencem apenas a *F. verticillioides* e, de nove isolados, um isolado pertence apenas a *F. proliferatum.*
4. Todos os treze isolados *de F. verticillioides* demonstraram possuir o gene *fum1* (produtor de FB1), enquanto o isolado *de F. proliferatum* demonstrou não possuir este gene.
5. Entre os treze isolados de *F. verticillioides*, FV1 foi o mais eficiente na produção de FB1 (175,39 ppb) em meio de milho patty, enquanto a concentração de FB1 para outros isolados variou entre (21,31-170,51) ppb.
6. As condições óptimas de cultura para a produção de FB1 utilizando a fermentação em estado sólido incluíram: meio de milho patty com período de incubação de 21 dias a 20°C.
7. A dose letal mediana 50 (LD 50) de FB1 para ratos machos foi de 1800ppb.
8. As enzimas hepáticas (AST, ALT, ALP) e as funções renais (creatinina e ureia sanguínea) aumentaram nos ratos machos que receberam por gavagem oral FB1 em concentrações de 800 e 1200ppb, em comparação com o grupo de controlo.
9. As alterações histopatológicas no fígado, nos rins e no baço de ratinhos que receberam FB1 por gavagem oral a 800 e 1200 ppb mostraram um aumento significativo das alterações degenerativas e das células apoptóticas em comparação com o grupo de controlo.

Capítulo 1

1.1 Introdução

O milho (*Zea mays* L.) é uma das culturas mais importantes do mundo, ocupando o terceiro lugar entre os cereais, a seguir ao trigo e ao arroz (Alptekin *et al.*, 2009; Rafiq *et al.*, 2010), e tem uma importante fonte de energia para a alimentação humana e animal e uma utilidade polivalente, como flocos de milho, farinha de milho, glúten de milho e amido. Por conseguinte, a sua produção ultrapassou 780 milhões de toneladas por ano, em comparação com 500 milhões de toneladas de trigo e 400 milhões de toneladas de arroz (Verheye, 2010).

A qualidade do grão diminui em resultado da contaminação fúngica, bem como da sua capacidade de produzir compostos de metabolitos secundários altamente tóxicos, conhecidos como micotoxinas. Entre os vários factores que interagem entre si e que levam as plantas de milho a sofrerem o crescimento de fungos e a produção de toxinas incluem-se: variação da temperatura entre a noite e o dia, teor de humidade e quantidade de nutrientes nos solos (Abbas *et al.*, 2006).

Os grãos de milho podem ser infectados por diferentes fungos toxigénicos, sendo os géneros mais comuns: *Fusarium*, *Aspergillus*, *Alternaria* e *Penicillium* (Krnjaja *et al.*, 2006, 2007 e 2011). Estes géneros podem ser classificados em fungos de armazenamento, incluindo: *Aspergillus* e *Penicillium*, e fungos de campo, como *Alternaria* e *Fusarium* (Logrieco *et al.*, 2003). As cinco classes de micotoxinas mais importantes e mais difundidas na alimentação animal e humana são: Aflatoxinas, fumonisinas, ocratoxinas, tricotecenos, zearalenona e patulina (Huffman *et al.*, 2010).

O milho tem sido extensivamente estudado quanto à contaminação por micotoxinas porque pode ser considerado um bom substrato para o crescimento de fungos e a toxigénese (Trung *et al.*, 2008). Muitos estudos de investigação indicaram a contaminação do milho com aflatoxinas, fumonisinas, ocratoxina A e tricotecenos (Janardhana *et al.*, 1999; Domija *et al.*, 2005; Schollenberger *et al.*, 2006; Binder *et al.*, 2007).

O género *Fusarium* é um fitopatógeno comum que ocorre em todo o mundo e produz mais de uma centena de metabolitos secundários, que têm um efeito na saúde humana e animal. As principais toxinas *de Fusarium* que são produzidas em cereais em grandes quantidades são: fumonisinas, zearalenona e tricotecenos (Sopterean e Puia, 2012).

A identificação do género *Fusarium* baseia-se na formação de macroconídios multicelulares e em forma de banana com uma célula pé basal, mas a identificação das espécies é difícil e insuficiente; por conseguinte, são necessários métodos moleculares para confirmar a identificação (Healy *et al.*, 2005).

As fumonisinas são compostos tóxicos formados pelo género *Fusarium*, sendo o principal produtor o *Fusarium verticillioides* (Bezuidenhout *et al.*, 1988). A fumonisina mais abundante e tóxica é a Fumonisina B1 (FB1), que representa cerca de 70% da contaminação total dos géneros alimentícios e dos alimentos para animais (Dupuy *et al.*, 1993). A ingestão de FB1 causa toxicidade para órgãos-alvo específicos de cada espécie, tais como efeitos neurotóxicos, nefrotóxicos, hepatotóxicos, teratogénicos e pulmonares (Bondy *et al.*, 1997).

Em todo o mundo, a FB1 tem sido associada a elevadas taxas de defeitos do tubo neural em bebés de mães que consomem alimentos feitos de milho e também a elevadas taxas de tumor esofágico humano. Estudos anteriores revelaram que concentrações elevadas de FB1 no milho mofado estão relacionadas com a elevada ocorrência de tumores do esófago humano em várias zonas da África do Sul (Marasas *et al.*, 1981 e 2004).

No Iraque, o milho é um grão importante e é produzido anualmente em grandes quantidades para ser utilizado na indústria alimentar. Vários estudos foram realizados no Iraque no domínio da micologia e da desintoxicação de micotoxinas, especialmente FB1 (Hemed, 1998; Moghalles, 2004; Al-Khazraji, 2007; Hemed, 2012; Al-Badri, 2013), pelo que este estudo teve como objetivo:

1. Identificação de espécies de *Fusarium* associadas a grãos de milho, utilizando métodos tradicionais e moleculares.
2. Deteção de isolados *de Fusarium* toxigénicos e sua capacidade de produzir fumonisina B1.
3. Investigação das condições óptimas de produção da toxina FB1.
4. Estudo histopatológico do efeito da FB1 nos tecidos do fígado, rins e baço e medição das enzimas nas funções hepáticas e renais afectadas em ratos experimentais.

Capítulo 2

2.1: Espécies *de Fusarium*

Fusarium é um género de fungos filamentosos amplamente distribuído no solo e nas plantas e existe normalmente como saprófita ou patogénico oportunista nos tecidos e resíduos das plantas (Palmer e Kommedahl, 1969).

O nome *Fusarium* deriva da palavra latina *fususus*, que significa um fuso relacionado com os seus macroconídios (Howard, 2003). Todas as espécies relacionadas com o género *Fusarium* podem crescer bem nos meios de cultura mais nutritivos sem adição de inibidores como a ciclohexímida para evitar o crescimento de fungos contaminados (Frazier, 1985).

O género *Fusarium* é considerado taxonomicamente complexo porque inclui pelo menos setenta espécies. Os estudos filogenéticos moleculares de espécies *de Fusarium* de importância médica descobriram que os agentes patogénicos mais frequentemente registados incluem: *F. solani, F. oxysporum, F. moniliforme, F. incarnatum, F. chlamydosporum*, e *F. dimerum* (O'Donnell *et al.*, 2004; Migheli *et al.*, 2010).

Nos seres humanos, o género *Fusarium* causa diferentes tipos de infecções, incluindo: infecções superficiais como a queratite e a onicomicose, doença alérgica (sinusite), infeção disseminada em doentes gravemente imunocomprometidos (Wickern, 1993; Nucci e Anaissie, 2002) e intoxicação alimentar por toxinas *de Fusarium* após a ingestão de alimentos por seres humanos ou animais (Marin *et al.*, 2013).

A classificação científica do género *Fusarium*, citada por Nelson *et al.* (1994) e Moretti (2009), é a seguinte

Reino Unido	Fungos
Filo	Ascomycota
Classe	Ascomicetes
Encomendar	Hipocreales
Família	Nectriáceas
Género	*Fusarium*

2.2: *Espécies de Fusarium* Caraterísticas

As espécies de *Fusarium* podem ser diferenciadas por terem dois tipos de conídios. Algumas espécies formam todos os dois tipos de conídios, outras não. Estes são os macroconídios e os microconídios (Booth, 1977), como se mostra na figura (2-1).

Os macroconídios são formados numa estrutura especializada de massa de conídios denominada esporodóquio (Hawksworth *et al.*, 1983). A morfologia dos macroconídios é a chave caraterística para a identificação do género *Fusarium* e não apenas das espécies (Burgess *et al.*, 1988).

Os microconídios têm formas e tamanhos diferentes e podem ser formados de duas maneiras: apenas em falsas cabeças ou em cadeias. Também podem ser produzidos em monofialídeos e/ou polifialídeos. O monofiálide é um condióforo com uma abertura através da qual os endoconídios são libertados, enquanto o polifiálide tem duas ou mais aberturas (Nelson *et al.*, 1983).

As espécies de *Fusarium* também produzem clamidósporos. A caraterística mais marcante dos clamidósporos é a formação de conídios de paredes espessas, cheios de material lipídico, que ajudam o fungo a sobreviver em condições difíceis, como a ausência de um hospedeiro adequado. Os clamidósporos estão dispostos de diferentes formas: individualmente, aos pares, em grupos ou em cadeias. A parede exterior dos clamidósporos pode ser lisa ou rugosa (Booth, 1977; Leslie e Summerell, 2006).

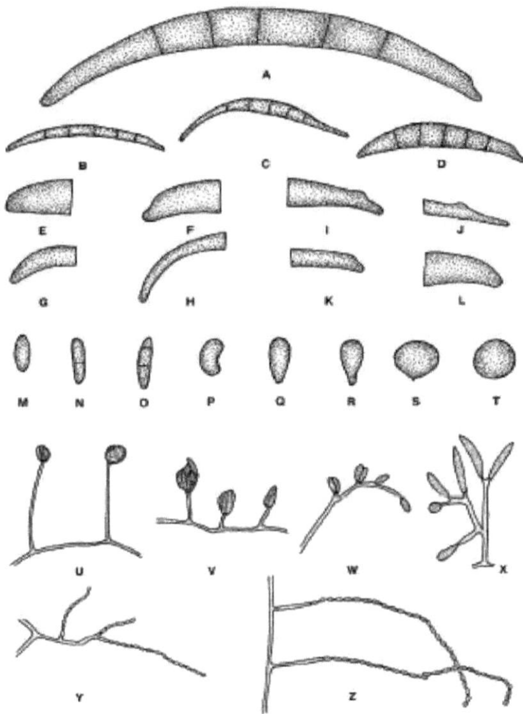

Figura (2-1): Caracteres morfológicos dos esporos de *Fusarium spp.*, **A-D:** Formas dos macroconídios, **E-H:** Formas das células apicais dos macroconídios, **I-L:** Formas das células basais dos macroconídios, **M-T:** Formas microconidiais, **U-X:** Morfologia dos fialídeos, **Y-Z:** Cadeias microconidiais (Leslie e Summerell, 2006).

2.3: Doenças das plantas causadas por espécies de *Fusarium*

Numerosas espécies de *Fusarium* ocorrem em todo o mundo nos cereais como agentes causais da podridão da coroa, do míldio (sarna) e da podridão da espiga (Bottalico, 1998; Matny, 2015).

A podridão da coroa *de Fusarium* (FCR) é causada por muitos *Fusarium spp.* principalmente *F. pseudograminearum* e *F. culmorum* (Scott *et al.*, 2004). Estes fungos infectam a base do caule e o tecido radicular do trigo e da cevada, causando necrose e podridão seca (Backhouse *et al.*, 2004).

O míldio de *Fusarium* (FHB) é uma doença dos cereais de grão pequeno, trigo e cevada, causada principalmente por *F. culmorum*, *F. graminearum*, *F. poae* e *F. avenaceum.* O principal sintoma é o branqueamento de alguns dos floretes na cabeça antes da maturidade (Fernandez *et al.*, 2000; Boutigny *et al.*, 2011). As principais micotoxinas encontradas na FCR e na FHB são: zearalenona, desoxinivalenol e nivalenol. Estas micotoxinas podem causar muitos sintomas de doença aos consumidores que consomem alimentos contaminados, sejam eles animais ou humanos, tais como cancros, problemas de fertilização, aborto e imunossupressão (Matny, 2015).

A podridão da espiga *por Fusarium* (FER) (Fig. 2-2) é a doença do milho mais prejudicial em todo o mundo. Os grãos infectados são caracterizados por uma decomposição branca a rosada e podem ser completamente consumidos pelo fungo, causado principalmente por *F. verticillioides, F. subglutinans*, *F. graminearum* e *F. proliferatum* (Davis *et al.*, 1989; Bottalico, 1997). As principais micotoxinas encontradas na FER são: fumonisinas, zearalenona e tricotecenos (Bottalico, 1998). O ciclo de infeção e doença no sistema *F. verticillioides-maize* é complexo, como se mostra na figura (2-3). Existem diferentes vias de infeção, a via mais comum para a infeção do grão é através de sedas ou ferimentos de insectos (Kedera *et al.*, 1992; Sobek, 1996).

Figura (2-2): *Fusarium* ear rot (Davis *et al.*, 1989).

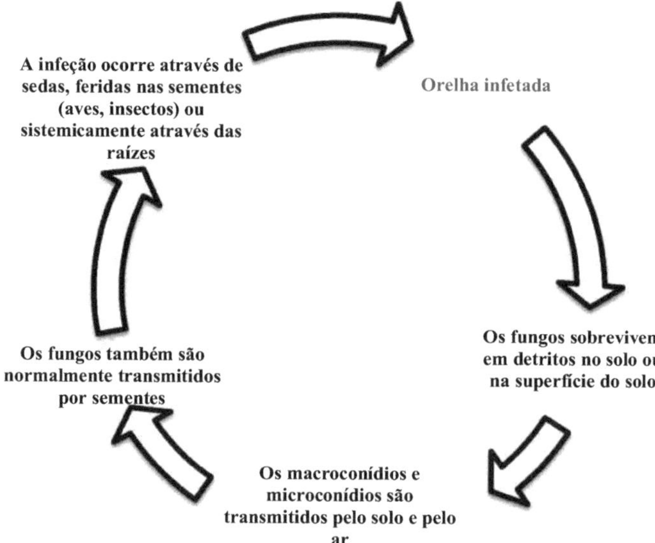

Figura (2-3): Ciclo da doença de *F. verticillioides* no milho (Munkvold e Desjardins, 1997).

2.4: Micotoxinas

As micotoxinas são metabolitos secundários naturais com baixo peso molecular produzidos por certas estirpes de espécies que pertencem a diferentes fungos filamentosos, tais como: *Fusarium*, *Aspergillus* e *Penicillum*, ao invadirem os grãos no campo, e ao crescerem nos alimentos durante o armazenamento em condições favoráveis de temperatura e humidade (Iheshiulor *et al.*, 2011).

A palavra grega "mykes" (que significa fungo) e a palavra latina "toxicum" (que significa veneno) dão o nome sério e frequentemente utilizado de micotoxina (Magan e Aldred, 2007). O objetivo dos fungos que produzem micotoxinas é proteger os bolores dormentes e os esporos fúngicos de outras espécies de fungos e bactérias, ou proteger os bolores de condições ambientais desfavoráveis (demasiado frio ou seco), ou da falta de algum nutriente necessário no substrato em que o bolor está a crescer (Bacon *et al.*, 2008; Ramesh, 2012).

Devido à diversidade das suas estruturas químicas e origens biossintéticas, aos seus numerosos efeitos biológicos e à sua produção por um grande número de espécies fúngicas diferentes, os esquemas de classificação tendem a refletir a formação da pessoa que faz a categorização. Os clínicos organizam-nas frequentemente pelo órgão que afectam. Assim, as micotoxinas podem ser classificadas como hepatotoxinas, nefrotoxinas, neurotoxinas e imunotoxinas. Os biólogos celulares classificam-nas em grupos genéricos como os teratogénicos, mutagénicos, cancerígenos e alergénicos. Os químicos orgânicos tentaram classificá-las pelas suas estruturas químicas (por exemplo, lactonas, cumarinas); os bioquímicos de acordo com as suas origens biossintéticas (policetídeos, derivados de aminoácidos, etc.); os médicos pelas doenças que causam (por exemplo, fogo de Santo António, estacobotricose) e os micologistas pelos fungos que as produzem (por exemplo, toxinas *de Aspergillus*, toxinas *de Penicillium*). Nenhuma destas classificações é inteiramente satisfatória (Bennett e Klich, 2003).

O problema das micotoxinas não termina nos alimentos para animais ou reduz o desempenho animal, mas pode concentrar-se nos ovos, no leite e na carne, e pode constituir uma ameaça para a saúde humana (Akande *et al.*, 2006). Não só causam grandes perdas económicas, mas também representam uma ameaça para a saúde humana e animal que provoca uma vasta gama de efeitos nocivos quando ingeridos, incluindo: infertilidade, prolapso vaginal ou rectal, anorexia, irritação da pele e gastrointestinal, hemorragia, descendência anormal, edema pulmonar, tumores hepáticos, etc. devido ao consumo de alimentos contaminados com estas micotoxinas (Sopterean e Puia, 2012). Nenhuma região do mundo escapa ao problema das micotoxinas, cerca de vinte e cinco por cento das culturas mundiais contêm micotoxinas (Iheshiulor *et al.*, 2011). Diversos fungos produzem diversos tipos e níveis de micotoxinas, dependendo do substrato em que o fungo está a crescer (Steyn, 1995). As principais micotoxinas que aparecem mais frequentemente nos alimentos são as aflatoxinas, as ocratoxinas, as fumonisinas, o desoxinivalenol, a patulina e os alcalóides da cravagem do centeio (Pestka, 2011).

2.5: Toxinas produzidas por *Fusarium*

As espécies de *Fusarium* produzem uma extraordinária diversidade de metabolitos secundários biologicamente activos, alguns dos quais são nocivos para os animais e para o homem, e podem causar perdas económicas a todos os níveis da produção de alimentos para consumo humano e animal, incluindo as culturas, a produção animal e a transformação das culturas (§opterean e Puia, 2012).

A ingestão de quantidades baixas a moderadas de toxinas *de Fusarium* é comum e não resulta numa intoxicação clara. No entanto, estas baixas quantidades podem prejudicar a saúde intestinal, a função imunitária e a aptidão dos agentes patogénicos, o que altera as interações entre o hospedeiro e o agente patogénico e causa diferentes resultados da infeção (Antonissen *et al.*, 2014).

As toxinas *de Fusarium* podem atravessar o epitélio intestinal e afetar o sistema imunitário, causando diferentes efeitos, como a imunoestimulação ou a imunossupressão, dependendo de diferentes factores, incluindo a idade do hospedeiro, a dose e a duração da exposição à toxina (Corrier, 1991; Osselaere *et al.*, 2012; Maresca, 2013). Além disso, as toxinas podem causar imunomodulação, afectando diretamente a imunidade inata e a imunidade adaptativa através do comprometimento da função dos macrófagos, dos neutrófilos, da diminuição da atividade dos linfócitos T e B e da produção de anticorpos (Corrier, 1991; Bondy e Pestka, 2000; Oswald *et al.*, 2005). Por conseguinte, durante a exposição a toxinas *de Fusarium* em seres humanos e animais, o hospedeiro torna-se suscetível a doenças infecciosas e aumenta as infecções com micróbios através de diferentes tipos de hospedeiros animais (Antonissen *et al.*, 2014). As micotoxinas *de Fusarium* mais importantes que contaminam os cereais são os tricotecenos, a zearalenona e as fumonisinas (Miller, 2001).

2.6: Fumonisinas

Várias espécies de *Fusarium* são capazes de produzir fumonisinas, sendo as espécies mais importantes o *F. verticillioides* (anteriormente, *moniliforme*) e *o F. proliferatum*. Ambas estão incluídas no complexo de espécies *Gibberella fujikuroi*. As fumonisinas também podem ser produzidas por *F. oxysporum, F. beomiforme, F. napiforme, F. dlamini, F. globosum, F. nygamai, F.*

anthophilum, F. polyphialidicum, F. subglutinans, F. thapsinum e *Alternaria alternata* (OMS, 2000; Kumar *et al.*, 2008; Yazar e Omurtag, 2008). Para além disso, *o Aspergillus niger* tem a capacidade de produzir fumonisinas, tais como FB2, FB4 e a nova série FB6 (Huffman *et al.*, 2010).

As fumonisinas são micotoxinas policetídeas presentes principalmente na cultura do milho e noutros cereais, como o arroz, o trigo e a aveia (Mallmann *et al.*, 2001; Park *et al.*, 2005). O consumo de fumonisinas tem sido associado ao cancro do esófago nos seres humanos e a alguns outros tumores em animais (Creppy, 2002; Zain, 2011).

2.7: Descoberta das fumonisinas

Em 1970, um surto de leucoencefalomalácia equina (ELEM) na África do Sul foi associado a uma elevada incidência local de milho contaminado com *F. verticillioides* (Marasas, 2001).

Em 1989-1990, registaram-se nos EUA surtos de ELEM e de edema pulmonar dos suínos (EPI). Um grande número de animais morreu devido ao consumo de milho contaminado com fumonisinas (Harrison, *et al.*, 1990; Wilson *et al.*, 1990a).

Em 1981, Marasas e colaboradores demonstraram a relação entre *F. verticillioides* e o cancro do esófago e entre as fumonisinas e o cancro do esófago.

Em 1988-1992, estudos confirmaram a correlação entre a ocorrência de *F. verticillioides* e os níveis de fumonisinas no milho e a taxa de cancro do esófago (Marasas *et al.*, 1988; Rheeder *et al.*, 1992).

Em 1993, o IARC em Lyon, França, classificou as novas micotoxinas descobertas produzidas por *F. verticillioides* como agentes cancerígenos do Grupo 2B, possivelmente cancerígenos para os seres humanos (IARC, 1993).

2.8: Propriedades Químicas e Físicas das Fumonisinas

As fumonisinas, sendo diferentes de outras micotoxinas, não têm uma estrutura cíclica. As suas estruturas baseiam-se numa longa cadeia de hidrocarbonetos hidroxilados, como se mostra na figura (2-6). Contêm cadeias polihidroxialquílicas amino de dezanove ou vinte carbonos que são diesterificadas com grupos de ácido propano-1,2,3-tricarboxílico (Bezuidenhout *et al.*, 1988, Seo e Lee, 1999). São classificados em quatro grupos; A, B, C e P, de acordo com a estrutura química (Cawood *et al.*, 1991; Musser e Plattner, 1997).

Fumonisina B1, sinónimo: A macrofusina é a toxina mais abundante da família das fumonisinas e representa frequentemente cerca de 70-80 % do teor total de fumonisinas em culturas de *F. verticillioides* e em alimentos naturalmente contaminados (Ross *et al.*, 1992; Rheeder *et al.*, 2002).

A fórmula química do FB1 é $C\ H_{3459}\ NO_{15}$, e a massa molecular relativa é 721g/mol. É um diéster do ácido propano-1,2,3-tricarboxílico e 2-amino-12,16-dimetil- 3,5,10,14,15-penta-hidroxieicosano, quando os grupos hidroxilo de C14 e C15 são esterificados com o grupo carboxilo terminal do TCA (Niderkon *et al.*, 2009).

A FB1 pura é um pó higroscópico de cor branca facilmente solúvel em água, altamente polar, estável ao calor com meias-vidas de dez minutos a 150°C, pelo que permanece estável às temperaturas de processamento dos alimentos, e não se decompõe quando exposta à luz, compostos não fluorescentes, pelo que a deteção analítica de fumonisinas é possível através da produção de derivados que fluorescem ou absorvem a luz UV (Shephard *et al.*, 1990; Plattner *et al.*, 1990; OMS, 2000; Wan Norashima *et al.*, 2009).

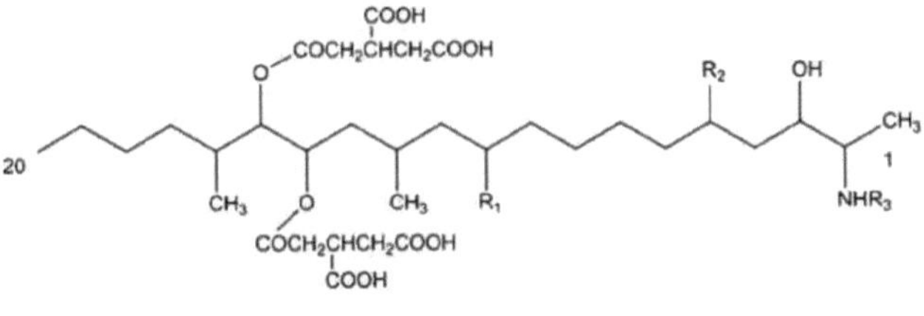

	FA_1	FA_2	FB_1	FB_2	FB_3	FB_4	FC_1
R_1	OH	H	OH	H	OH	H	OH
R_2	OH	OH	OH	OH	H	H	OH
R_3	CH_3CO	CH_3CO	H	H	H	H	H

Figura (2-4): Estrutura química dos tipos de micotoxinas fumonisinas (Domijan, 2012).

2.9: Mecanismo de ação da fumonisina B1

A toxicidade da FB1 baseia-se na semelhança estrutural com as bases esfingóides (esfingosina e esfinganina), como se mostra na figura (2-7). A esfingosina e a esfinganina são os principais constituintes da molécula de esfingolípidos (Wang *et al.*, 1991; Soriano *et al.*, 2005).

Os esfingolípidos desempenham um papel essencial na regulação do crescimento celular, da morfologia, da diferenciação, da apoptose, da permeabilidade das células endoteliais e também na manutenção da integridade das membranas: como locais de reconhecimento célula-célula e de adesão célula-substrato, como receptores de vitaminas e toxinas, como moduladores da função recetora e como segundos mensageiros lipídicos em vias de sinalização responsáveis pelo crescimento celular, diferenciação e morte (Merrill *et al.*, 2001; Marasas *et al.*, 2004).

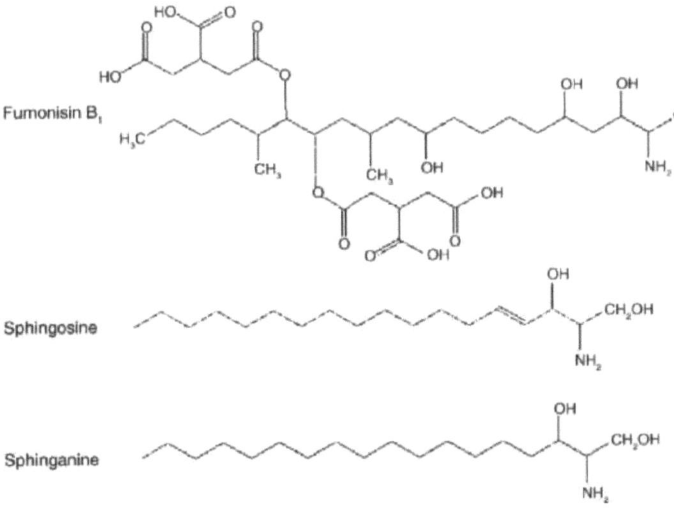

Figura (2-5): Estruturas Químicas da Fumonisina B1, Esfingosina e Esfinganina (Wang *et al.*, 1991).

O FB1 é um inibidor competitivo da esfinganina (esfingosina) N-acetiltransferase (ceramida sintase), uma enzima chave na biossíntese de esfingolípidos e na reacilação da esfingosina livre, resultando na perturbação desta via (Yoo *et al.*, 1996; Enongene *et al.*, 2000; Soriano *et al.*, 2005). Estimula a acilação da esfinganina na biossíntese de esfingolípidos e a desacilação da esfingosina da dieta e da esfingosina produzida a partir da degradação do composto de esfingolípidos (Wang *et al.*, 1991), como se mostra na figura (2-8). O resultado desta inibição inclui: bloqueio da biossíntese de esfingolípidos complexos, aumento da esfinganina e esfingosina livres, reacilação da esfingosina derivada dos produtos de transformação dos esfingolípidos e degradação dos esfingolípidos da dieta (Enongene *et al.*, 2000; Soriano *et al.*, 2005).

Uma vez que a FB1 perturba a biossíntese de esfingolípidos, isto resulta na elevação da razão esfinganina/esfingosina no soro, plasma ou urina. O nível do rácio Sa/So pode ser utilizado como um indicador para estimar a exposição alimentar ao FB1 em animais (Marasas, 2001), e a acumulação de esfinganina livre induz inibição do crescimento e citotoxicidade para as células e aumenta a morte celular (apoptótica e oncótica) no fígado e nos rins (Enongene *et al.*, 2000).

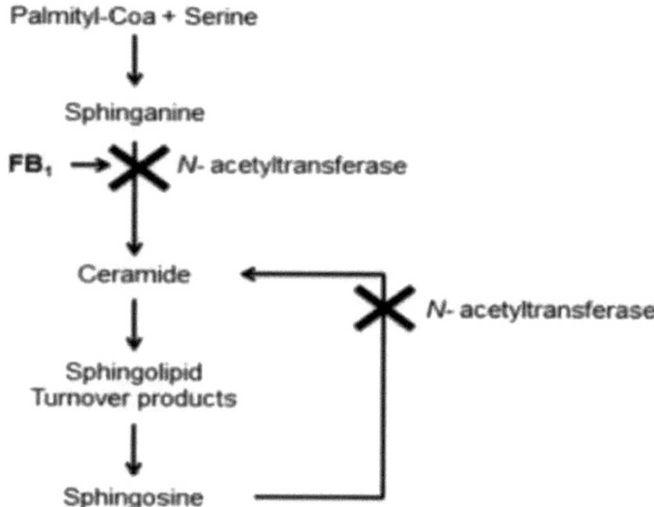

Figura (2-6): A perturbação da via dos esfingolípidos pela fumonisina B1 (FB1) de acordo com Ramasamy *et al.* (1995).

2.10: Efeitos da toxina Fumonisina B1

2.10.1: Efeitos tóxicos da fumonisina B1 nos seres humanos

Os seres humanos podem ser expostos às toxinas do FBI através da ingestão de milho ou de outras culturas infectadas pelo fungo *F. verticillioides*, o principal produtor de FBI (Stockmann-Juvala e Savolainen, 2008), que causa doenças humanas graves, incluindo: cancro do esófago e defeitos do tubo neural.

2.10.1.1: Cancro do esófago (CE)

Estudos epidemiológicos anteriores realizados na África do Sul e na China descobriram que pode haver uma correlação entre a ingestão de FB1 e o aumento da incidência de cancro do esófago na população humana (Zhen *et al.*, 1984; Jaskewicz *et al.*, 1987; Marasas *et al.*, 1979, 1981, 1988; Sydeham *et al.*, 1990a, b; Rheeder *et al.*, 1992; IARC, 1993; Chu e Li, 1994; Yoshizawa *et al.*, 1994).

Alizadeh *et al.* (2012) descobriram que níveis elevados de FB1 em amostras de milho e arroz recolhidas na província de Golestan, no Irão, tinham uma relação significativa entre a presença de

FB1 nestas culturas e o risco de cancro do esófago. Outros estudos concluíram que a FB1 tem sido implicada no cancro do fígado humano e em doenças cardiovasculares na China (Fincham *et al.*, 1992; Ueno *et al.*, 1997; Dutton, 2009).

O papel que torna a FB1 carcinogénica pode ser devido à acumulação de bases esfingóides: Síntese de DNA em estado não programado (Schroeder *et al.*, 1994), alterações da sinalização por AMPc (Huang *et al.*, 1995) e rompimento do ciclo celular (Ramljak *et al.*, 2000). Estudos anteriores *in vitro* investigaram os efeitos tóxicos da FB1 em linhas celulares humanas. Esta toxina teve a capacidade de inibir a expansão clonal em queratinócitos humanos e causou a proliferação em fibroblastos humanos (Schwerdt *et al.*, 2009). Além disso, foi demonstrado que a FB1 induz apoptose em células derivadas do túbulo proximal humano (células IHKE) (Seefelder *et al.*, 2003) e causa stress oxidativo na linha celular intestinal humana Caco-2 (Kouadio *et al.*, 2005).

Wang *et al.* (2014) estudaram os efeitos da FB1 nas células epiteliais normais do esófago humano (HEEC). Os resultados indicaram que a FB1 estimulou a proliferação de HEECs afectando o ciclo celular e a apoptose através de um mecanismo associado a alterações na expressão de ciclina D1, ciclina E, p21 e p27. Estima-se que o consumo de FB1 pelos seres humanos nos Estados Unidos seja de cerca de 80 ng/kg/dia (WHO, 2002a).

Em 2001, o Comité Misto FAO/OMS de Peritos em Aditivos Alimentares e Contaminantes (JECFA) estabeleceu uma Dose Diária Máxima Tolerável Provisória (DDATP) para as fumonisinas (FB1+FB2+ FB3) de 2,0p.g/kg de peso corporal por dia (OMS, 2002b).

2.10.1.2: Defeitos do tubo neural (DTN)

Os DTN são malformações congénitas comuns, que ocorrem quando o tubo neural embrionário, no qual se formam o cérebro e a espinal medula durante o início do desenvolvimento, não se fecha (Marasas *et al.*, 2004). O consumo de FB1 é um fator importante para os DTN em humanos. Esta relação pode ser encontrada entre populações que consomem milho em grandes quantidades, por exemplo, no centro e sul da América, sul de África e Ásia (Meredith *et al.*, 1999). Estudos descobriram que a FB1 está implicada na diminuição da absorção de folato em diferentes linhas celulares e, por conseguinte, está implicada em defeitos do tubo neural em bebés humanos (Marasas *et al.*, 2004; Gelineau-van *et al.*, 2005; Missmer *et al.*, 2006). Uma vez que as fumonisinas inibem a biossíntese de esfingolípidos através do bloqueio da acilação da esfinganina pela ceramida sintase no retículo endoplasmático, levam à redução da formação de esfingomielina, que é um componente importante da membrana plasmática e é necessária para o funcionamento correto de proteínas ancoradas em GPI, como o transportador de folato (Marasas *et al.*, 2004), como se mostra na figura (2-6).

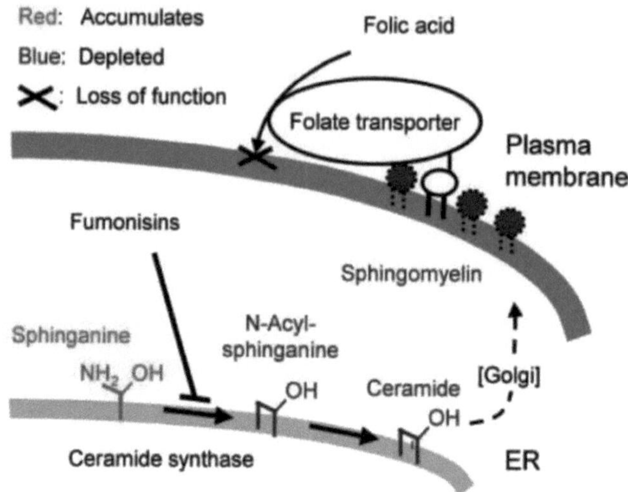

Figura (2-7): Perturbação do transporte de folato pelas fumonisinas (Marasas *et al.*, 2004).

2.10.2: Efeitos tóxicos nos animais

A FB1 tem uma vasta gama de efeitos tóxicos nas espécies animais através de diferentes mecanismos, incluindo a interferência no metabolismo dos esfingolípidos. Nos cavalos, a FB1 causa leucoencefalomalácia equina (ELEM), nos porcos, edema pulmonar porcino (PPC), e em animais experimentais nefrotoxicidade e hepatotoxicidade (Bennett e Klich, 2003; Domijan, 2012).

2.10.2.1: Leucoencefalomalácia equina (ELEM)

A ELEM é uma doença cerebral (doença neurotóxica) que causa elevada mortalidade em cavalos (Goel *et al.*, 1996) e o principal agente causador desta doença é a FB1. Isto significa que o cérebro é um órgão-alvo para a toxicidade do FB1 (Domijan, 2012). O nome leucoencefalomalácia deve-se ao tipo e à distribuição da lesão mais proeminente no cérebro; leuco = matéria branca, malácia = amolecimento devido a necrose (Voss *et al.*, 2007).

Estudos recentes em animais de laboratório (*in vivo*) e em culturas de células de origem neural (*in vitro*) reconheceram que a FB1 tem um potencial neurodegenerativo, mas a ação da sua neurotoxicidade permanece indistinguível (Domijan, 2012). O principal achado patológico do ELEM é a necrose focal da substância branca cerebral, com núcleos picnóticos e citoplasma eosinofílico (Wilson *et al.*, 1990b).

Ross *et al.* (1991) mediram o nível de FB1 em quarenta e cinco amostras de alimentos para animais colhidas nos EUA, onde se registou um surto de ELEM. A maioria destas amostras associadas à ELEM tinha um nível de FB1 superior a dez ppm, ao passo que nenhuma das amostras de controlo continha FB1 superior a oito ppm, pelo que o limiar de FB1 a dez ppm pode induzir esta doença.

2.10.2.2: Edema pulmonar de suíno (EPI)

A toxicose por FB1 em suínos é denominada edema pulmonar suíno (EPI) após surtos de uma doença letal em suínos alimentados com milho contaminado com *F. verticillioides* nos Estados Unidos em 1989. O FB1 suprime a fagocitose e a biossíntese de esfingolípidos nos macrófagos pulmonares e estimula a acumulação de material membranoso nas células endoteliais capilares pulmonares. Estas alterações são específicas deste tipo de células e dos suínos (Haschek *et al.*, 2001). Os suínos desenvolvem EPI durante quatro a sete dias quando alimentados com alimentos ou material de cultura contendo FB1 em concentrações superiores a dezasseis ppm /peso corporal/dia (Harrison *et al.*, 1990; Haschek *et al.*, 1992; Colvin *et al.*, 1993; Motelin *et al.*, 1994; Gumprecht *et al.*, 1998).

2.10.2.3: Hepatotoxicidade e nefrotoxicidade em animais experimentais

A FB1 é nefrotóxica e hepatotóxica em animais experimentais, como ratos e ratazanas (Stockmann-Juvala e Savolainen, 2008). O fígado e o rim são os principais órgãos considerados alvo da toxicidade das fumonisinas, que se caracteriza por apoptose, necrose e regeneração. A toxicidade da FB1 varia consoante as espécies, os órgãos, as estirpes e o sexo em resposta à dose (Voss *et al.*, 2007).

Muitos investigadores descobriram que a exposição alimentar crónica ao FB1 superior a cinquenta ppm é carcinogénica para roedores; hepatocarcinogénica para ratos BD IX machos e ratinhos B6C3F1 fêmeas, e nefrocarcinogénica para ratos F344 machos. O intestino também é considerado um possível alvo dos efeitos tóxicos dos FBs (Gelderblom *et al.*, 1991; Howard *et al.*, 2001; NTP, 2001; Bouhet e Oswald, 2007).

Outros demonstraram o efeito de uma dose única de FB1 em animais, por exemplo, Peraica, *et al.* (2008) estudaram o efeito de uma dose única de FB1 em ratos Wistar machos tratados com doses de 5, 50 e 500ug/kg b.w. por via de gavagem e os animais foram sacrificados após 4, 24 e 48 horas do tratamento. A sua análise revelou alterações histopatológicas no fígado e mostrou um aumento significativo nas células apoptóticas e na necrose celular.

Estudos revelaram que a exposição a curto prazo ao FB1 provoca hepatotoxicidade, enquanto a exposição a longo prazo ao FB1 conduz a hepatite fibrosa e crónica que pode, em última análise, resultar em cirrose hepática e, por vezes, em carcinoma hepático. (Gerlderblom *et al.*, 1991 e 2001).

Um estudo recente descobriu que o FB1 pode causar alterações histopatológicas nas células da glândula gástrica, como apoptose e necrose, levando a inflamação e infiltração de células inflamatórias, como linfócitos, que foram observadas no parênquima da glândula gástrica (Tavasoly *et al.*, 2013).

2.11: Factores que afectam o crescimento *de Fusarium* e a produção de FB1

2.11.1: Condições ambientais

As condições climáticas contribuem para a infeção do milho por fungos micotoxigénicos e para a contaminação por micotoxinas (Lorenzo Covarelli *et al.*, 2014). Por conseguinte, a incidência da podridão da espiga de *Fusarium* é mais elevada em climas mais quentes e em condições de seca (Miller, 2001).

A podridão da espiga *por Fusarium* é uma das principais doenças que afectam a produção de milho no mundo, entre as quais se destacam as espécies *F. verticillioides* e *F. proliferatum* (IARC, 2002). Durante o processo de infeção, as espécies de *Fusarium* são capazes de biossintetizar diferentes micotoxinas e, entre elas, a FB1 é considerada a mais importante. A contaminação do milho com FB1 é afetada pela composição do substrato e pelo teor de humidade. A produção desta toxina começa no início do desenvolvimento da espiga de milho e aumenta quando os grãos atingem a maturidade fisiológica (Warfield e Gilchrist, 1999; Miller, 2001).

Outros factores que aumentam a incidência da doença da podridão da espiga de *Fusarium* incluem deixar o milho no campo durante um longo período após a maturidade e danos nas espigas de milho provocados por insectos (Vincelli e Parker, 2002; Richard, 2007; Yazar e Omurtag, 2008). Por conseguinte, os grãos devem ser colhidos sem danos e armazenados em condições secas, com um teor de humidade inferior a 14% (Richard, 2007).

2.11.2: Condições de cultura

O FB1 produzido por espécies de *Fusarium* foi isolado pela primeira vez do milho por Bezuidenhout *et al.* em 1988, e depois de produtos à base de milho (Sydenham *et al.*, 1991), como tortilhas (Stack, 1998) e cerveja (Scott e Lawrence, 1995), bem como de outros produtos como arroz (Park *et al.*, 2005), folhas de chá preto (Martins *et al.*, 2001), espargos (Logrieco *et al.*, 1998) e pinhões (Marin *et al.*, 2007).

Os factores que afectam a produção de FB1 por *Fusarium* spp. foram bem estudados, incluindo substratos sólidos e substratos líquidos (Vismer *et al.*, 2004), temperatura (Marin *et al.*, 1999; Dilkin *et al.*, 2002), atividade da água (aw) (Marin *et al*, 1999; Samapundo *et al.*, 2005), pH e arejamento do substrato (Keller *et al.*, 1997), adição de repressor de azoto (Shim e Woloshuk, 1999) e adição de precursores de FB1 (Branham e Plattner, 1993).

A composição nutricional do milho é complexa e inclui elevadas concentrações de fosfatos e aminoácidos (Kruger *et al.*, 1991), que podem atuar como tampões no meio (Alberts *et al.*, 1994). Por esta razão, as culturas de milho continuam a ser o melhor substrato para a produção de grandes quantidades de FB1, sendo os meios líquidos ideais para a produção de FB1. Os meios líquidos são geralmente constituídos por uma fonte de carbono como a glucose ou a sacarose, um tampão de fosfato (pH±4) e sais como MgS04, CaCl, NaCl, NH4Cl, Na2 S04 e MnS04 (Miller, 1994). No entanto, a produção de FB1 em culturas de patty de milho excedeu a produção em culturas líquidas 100 a 1000 vezes e o pH do meio de milho sólido permaneceu inalterado durante as fermentações de crescimento de *F. verticillioides* (Alberts *et al.*, 1994). Embora, para uma produção óptima de FB1 em meio líquido, seja necessário um pH baixo (aproximadamente 2-4) (Vasavada e Hsieh,1987; Alberts *et al.*, 1994; Miller, 2001), foram registados níveis baixos de FB1 quando o meio líquido contém concentrações elevadas de sais tamponantes (ex: fosfatos) e aminoácidos (Alberts *et al.*, 1994).

2.12: Métodos de deteção da fumonisina B1

2.12.1: Método cromatográfico por camada fina (TLC)

A TLC é um método clássico e comum para a análise de micotoxinas porque requer um curto período de tempo e analisa um grande número de amostras. Foram utilizadas muitas revisões para a análise de micotoxinas por esta técnica (Rottinghaus *et al.*, 1992; Nicol, 1998; Lin *et al.*, 1998; Preis e Vargas, 2000; Hadiani *et al.*, 2003; Cigic e Prosen, 2009). A TLC é feita a partir de uma camada de gel de sílica e pode ser utilizada para medições quantitativas e semi-quantitativas, com deteção por fluorodensitometria ou procedimentos visuais com deteção limitada a 0,01 ppm (Lin *et al.*, 1998).

A TLC é um método simples, de baixo custo e adequado para um rastreio rápido devido à falta de automatização (Roseanu *et al.*, 2010).

2.12.2: Cromatografia líquida de alta eficiência (HPLC)

A HPLC é uma nova ferramenta analítica das micotoxinas, utilizando vários adsorventes com base na estrutura física e química da micotoxina. A separação e a purificação foram efectuadas com base na polaridade (Cavaliere *et al.*, 2005). A HPLC tem duas colunas, pequenas colunas utilizadas para amostras e grandes colunas preparativas para padrões de micotoxinas (Pascale, 2009). Uma vez que as fumonisinas não possuem um cromóforo adequado, a sua determinação requer derivatização para produzir derivados fluorescentes. Estes podem ser facilmente detectados por sistemas de HPLC com detectores fluorescentes. Exemplos de agentes derivatizantes são *o o-ftaldialdeído* e o 9-(fluorenilmetil) clorofórmio (Holcomb *et al.*, 1993; Shephard, 1998; Turner *et al.*, 2009).

A vantagem da HPLC é a sua elevada resolução, exatidão e especificidade, com sistemas automatizados de deteção múltipla, mas é dispendiosa, demorada e requer equipamento e procedimentos de limpeza dispendiosos (Roseanu *et al.*, 2010).

2.12.3: Cromatografia gasosa (GC)

A CG tem sido utilizada para identificar e quantificar a presença de micotoxinas nas amostras de alimentos, especialmente para detetar os produtos com natureza volátil. A maioria das micotoxinas não tem esse carácter, pelo que requerem agentes derivados para serem analisadas por GC (Turner *et al.*, 2009).

Vários estudos utilizaram métodos de GC para quantificar micotoxinas em amostras, tais como: tricotecenos (Krska *et al.*, 2000), zeraleanona (Krska e Josephs, 2001), ocratoxina A (Turner *et al.*, 2009) e fumonisinas (Jackson e Bennett, 1990).

As vantagens deste método são a sensibilidade, a automatização e a análise simultânea de micotoxinas. No entanto, trata-se de um equipamento dispendioso, que requer derivados, problemas de interferência da matriz, curva de calibração não linear, conhecimentos especializados, resposta à deriva, variação da reprodutibilidade e da repetibilidade (Pascale, 2009).

2.12.4: Ensaio de imunoabsorção enzimática (ELISA)

O ELISA competitivo direto e indireto é a técnica mais comum utilizada na análise de micotoxinas em alimentos para consumo humano e animal (CAST, 2003; Gheorghe *et al.*, 2008).

O princípio desta técnica é a reação antigénio-anticorpo. O ensaio de competição direta ocorre quando a toxina compete com a enzima conjugada à toxina por anticorpos específicos imobilizados. O conjugado enzimático ligado converte o substrato num produto colorido. Enquanto o ensaio competitivo indireto se baseia na competição entre a toxina livre e a toxina imobilizada pelos locais de ligação da toxina aos anticorpos específicos. Os anticorpos secundários marcados com uma enzima (peroxidase, fosfatase alcalina) adicionados ao sistema darão um resultado mensurável quando interagirem com um substrato cromogénico (Gheorghe *et al.*, 2008).

A vantagem desta técnica é que requer um volume de amostra reduzido e menos procedimentos de limpeza do extrato da amostra. O limite de deteção é também inferior aos obtidos com métodos instrumentais como TLC e HPLC (Trucksess, 2001), que são sensíveis, específicos e rápidos, no rastreio de diferentes produtos, com relativa simplicidade (Roseanu *et al.*, 2010).

2.12.5: Reacções em cadeia da polimerase (PCR)

A deteção de espécies *de Fusarium* toxigénicas por métodos tradicionais não é suficiente para confirmar a identificação de *Fusarium* isolado ao nível das espécies. Para além disso, a identificação de *Fusarium* através da morfologia e do tipo de acasalamento é morosa e requer experiência em taxonomia e fisiologia *de Fusarium* (Jurado *et al.*, 2010). Por conseguinte, são necessárias técnicas precisas e complementares, que permitam um diagnóstico específico rápido, sensível e fiável das espécies de *Fusarium*, e esses métodos rápidos são a sequenciação do ADN e o ensaio de PCR específico da espécie para confirmar a identificação de fungos produtores de fumonisinas a partir de alimentos para animais, o que se tornou importante, especialmente quando as fumonisinas são agora responsáveis por algumas doenças e pelo cancro dos animais (Petrovic *et al.*, 2009).

Foram desenvolvidos vários métodos de PCR para o diagnóstico de espécies toxigénicas de *Fusarium*, tais como as regiões IGS (espaçador intergénico) ou ITS (espaçador interno transcrito) das unidades de rDNA. Outros investigadores utilizaram amplamente o gene do fator de alongamento da tradução 1-A (TEF-1a) para a identificação, o que aumentou a sensibilidade dos ensaios de PCR. A utilização da técnica de PCR foi benéfica em análises epidemiológicas (Geiser *et al.*, 2004; Sreenivasa *et al.*, 2008), e amplamente utilizada na taxonomia de fungos (Mule *et al.*, 2004a, b; Chandra *et al.*, 2010). Alguns investigadores utilizaram a PCR para a deteção de fungos patogénicos em tecidos vegetais infectados (Chandra *et al.*, 2008).

A principal vantagem da técnica de PCR é que o investigador necessita apenas de pequenas quantidades de ADN genómico para confirmar a presença do agente patogénico no tecido hospedeiro que pode não ser detectado em cultura (Chandra *et al.*, 2008).

Capítulo 3

Materiais e métodos

3.1: Materiais

3.1.1: Aparelhos

Os aparelhos utilizados neste estudo estão listados na tabela (3-1).

Tabela (3-1): Aparelhos utilizados no estudo

Aparelhos	Empresa	Origem
Autoclave	Hiclave	Alemanha
Moinho de café	Newal	China
Microcentrifugadora a frio	Eppendorf	Alemanha
Microscópio de luz composto com câmara	Optika	Itália
Centrífuga de arrefecimento	Eppendorf	Alemanha
Congelamento profundo	Liebherr medline	Alemanha
Destilador	Gallenkamp	Inglaterra
Unidade de eletroforese	Sigma	EUA
Leitor ELISA	Humareader HS	Alemanha
Hemocitómetro	Marienfeld	Alemanha
Incubadora	Fisher Scientific	Alemanha
Fluxo de ar laminar	Techne	REINO UNIDO

Agitador magnético	Laboratório IKA. Disco	EUA
Micropipetas	Slamed	Alemanha
Forno micro-ondas	LG	Coreia
Espectrofotómetro Nanodrop	Tecnologia Quawell	EUA
Forno	Memmert	Alemanha
Medidor de pH	Instrumentos Crison	Espanha
Frigorífico	Concórdia	Líbano
Equilíbrio sensível	Precisa	Suíça
Tanque de cromatografia em camada fina	Merck	Alemanha
Transiluminador ultra-violeta	Consorte	Alemanha
Vórtice	Stuart Scientific	REINO UNIDO

3.1.2: Produtos químicos e kits

Os produtos químicos e os kits que foram utilizados neste estudo estão listados na tabela (3-2).

Tabela (3-2): Lista de materiais utilizados no estudo

Materiais	Empresa	Origem
Tampão TBE 10X	Promega	Alemanha
Ácido acético	BDH	Inglaterra

Acetonitrilo	BDH	Inglaterra
Ágar	Himedia	Índia
Agarose	BDH	Inglaterra
Kit ALP ELISA	Colheita de clones em nuvem.	EUA
Kits ALT ELISA	Colheita de clones em nuvem.	EUA
Kit ELISA AST	Colheita de clones em nuvem.	EUA
Antibiótico Cloranfenicol (250 mg)	Indofarma	Indonésia
Clorofórmio	BDH	Inglaterra
Escada de ADN (100)bp	Bioneer	Coreia
Coloração de eosina	Merk	Índia
Etanol (absoluto)	BDH	Inglaterra
Brometo de etídio	Promega	Alemanha
Papel de filtro n.º 1	Whatman	EUA
Formalina 40%	BDH	Inglaterra
Fumonisina B1 ELISA Kit	Biocientífico	EUA

Fumonisina B1 Padrão	Ciência Enzolife	EUA
Kit de ADN genómico Geneaid	Bioneer	Coreia
Glicose	BDH	Inglaterra
Coloração de hematoxilina	Merck	Alemanha
Hexano (absoluto)	BDH	Inglaterra
Isopropanol (absoluto)	Sigma	EUA
Lactofenol Mancha azul de algodão	Himedia	Índia
Kit de ensaio de L-creatinina	Abnova	EUA
Carregamento de corante	Promega	Alemanha
Sulfato de magnésio hidratado	Fluka	Suíça
Oxalato verde de malaquite	BDH	Inglaterra
Mistura principal	Promega	EUA
Metanol (absoluto)	BDH	Inglaterra
Cera de parafina	BDH	Inglaterra
Peptona	Himedia	Índia

Cloreto de potássio	BDH	Inglaterra
Nitrato de potássio	BDH	Inglaterra
Sulfato de potássio anidro	Fluka	Suíça
Primários	ADN alfa	EUA
Sacarose	BDH	Inglaterra
Placa TLC (20x20 Cm)	Chm	Espanha
Tween80	Fluka	Suíça
Kit de ensaio de ureia	Abnova	EUA
Xileno	BDH	Inglaterra

3.1.3: Meios de cultura

3.1.3.1: Suportes prontos a utilizar

3.1.3.1.1: Ágar Batata-Dextrose (PDA)

O ágar dextrose de batata foi utilizado como meio de enriquecimento para o isolamento de fungos. A preparação do meio foi efectuada de acordo com as instruções mencionadas pela Himedia Company (Índia). Em seguida, o meio foi esterilizado por autoclavagem a 121°C/ 1,2Kg/cm^2 durante 20 minutos.

3.1.3.2: Preparação dos suportes

3.1.3.2.1: Ágar verde malaquite 2.5 (MGA 2.5)

Foi utilizado para o isolamento primário de fungos de acordo com Castella *et al.* (1997). Este meio contém:

Peptona	15 g
KH2PO4	1 g
MgSO4.7H2O	0.5 g
Oxalato verde de malaquite	2,5 mg
Ágar	20 g

D. W a 1 L

Depois de autoclavar o meio, este foi suplementado com clorofénico a uma concentração de 50 mg/L e depois vertido em placas de Petri esterilizadas (20 ml para cada placa). Este meio foi utilizado como meio seletivo para o isolamento de *Fusarium* spp.

3.1.3.2.2: Ágar folha de cravo (CLA)

As folhas de cravo (*Dianthus caryophllus* L.) foram colhidas e lavadas com água destilada para remover a poeira da superfície. Os pedaços de folhas foram excisados e secos em estufa a 45-55 C durante 2 horas (Nelson *et al.*, 1983). Este meio contém:

Pedaços de folhas de cravo secas 5 g

KCl4g

Ágar20g

D. Wto 1 L

Depois de autoclavar o meio, verteu-se em placas de Petri esterilizadas. Este meio foi utilizado para produzir macroconídios que são mais uniformes em tamanho e forma do que outros meios.

3.1.3.2.3: Ágar para tratamento de águas residuais (SNA)

Foi utilizado e preparado de acordo com Gerlach e Nirenberg (1982). Este meio contém:

KH2PO41g

KNO31g

MgSO4.7H2O0 .5g

KCl0 ,5g

Glucose0 ,2g

Sacarose0 ,2g

Ágar20g

D. Wto 1L

Após a autoclavagem, um a dois pedaços de papel de filtro esterilizado (Whatman n.º 1), com cerca de 1 cm^2 , foram colocados na superfície do ágar depois de o meio ter gelificado para aumentar a esporulação.

3.1.3.2.4: Ágar sacarose de batata (PSA)

Foi utilizado e preparado de acordo com Leslie e Summerell (2006). Este meio contém:

Infusão de batata 200g sacarose20g

Ágar15g

D. Wto 1L

Em primeiro lugar, as batatas descascadas foram cortadas em pedaços muito pequenos e adicionadas a um litro de água destilada e depois fervidas durante uma hora. As batatas cozidas foram coadas e filtradas. Adicionou-se sacarose e ágar ao filtrado e dissolveu-se a mistura por aquecimento. O pH foi ajustado para 6,3 e depois esterilizado por autoclave. Este meio foi utilizado para a pigmentação.

3.1.3.2.5: Preparação da cultura de milho, arroz e trigo Patty

A preparação das culturas de milho, arroz e trigo, a inoculação e a incubação foram efectuadas conforme descrito por Vismer *et al.* (2004). Os grãos inteiros foram moídos separadamente num moinho de café até se tornarem um pó fino. Trinta gramas de cada um deles foram colocados em placas de Petri de pirex (15 cm de diâmetro) e foram adicionados trinta ml de água destilada. A preparação foi esterilizada em autoclave a 121° C durante 30 minutos e deixada em repouso durante a noite. A esterilização foi repetida no dia seguinte durante 30 minutos.

3.2: Métodos

3.2.1: Recolha de amostras

4: Oitenta e oito amostras de espigas de milho foram recolhidas entre novembro de 2013 e março de 2014 em mercados locais e silos da província de Bagdade (trinta e cinco em silos e cinquenta e três em mercados). Um quilograma de cada amostra foi colocado num saco de plástico e armazenado a 4°C até à análise.

4.2.1: Isolamento de fungos

Cinquenta grãos de cada amostra de milho foram esterilizados superficialmente por imersão em solução de hipoclorito de sódio (NaOCl) a 2% em frasco cónico de 250 ml durante um minuto e, em seguida, lavados três vezes com água destilada esterilizada. Os grãos foram secos com papel de filtro esterilizado e colocados em meio MGA 2,5 e PDA contendo cloranfenicol (50 mg/L), utilizando cinco placas de Petri para cada amostra (5-10 grãos / cada placa). Após incubação a 25°C durante sete dias, os fungos foram isolados e subcultivados para obter uma cultura pura. Todos os fungos foram identificados por caraterísticas morfológicas em PDA (Barnett e Barry, 1998; Domsch *et al.*, 2007).

4.2.2: Preparação da fita adesiva Scotch

Colocou-se uma gota de azul de algodão com lactofenol numa lâmina de microscópio limpa. As extremidades de uma fita adesiva transparente foram seguradas entre o polegar e o indicador, o lado adesivo central da fita foi empurrado suavemente para tocar a superfície da colónia para recolher esporos e espalhá-los sobre a gota na lâmina de microscópio (Baron *et al.*, 1994).

4.2.3: Técnica de cultura de lâminas

Um pequeno bloco de PSA, SNA ou CLA foi cortado com uma lâmina de bisturi esterilizada ou com um tubo sem boca aquecido e esterilizado, sendo depois removido com uma ansa esterilizada para a superfície de uma lâmina limpa e esterilizada e colocado numa petreta esterilizada contendo um tubo de vidro em forma de V que serviu de suporte ou cama para a lâmina microscópica. Colocou-se um pedaço redondo de papel de filtro debaixo do tubo de vidro em forma de V. Os lados do bloco de ágar foram inoculados com o fungo a cultivar. Aplicou-se uma lamela esterilizada sobre a superfície do bloco de ágar e adicionaram-se algumas gotas de água destilada esterilizada ao fundo da placa antes da incubação para dar humidade suficiente para o crescimento dos fungos e evitar que o bloco de ágar seque. As placas foram incubadas a 25°C durante sete dias. A lâmina foi examinada ao microscópio, para observar os tipos de hifas e conídios (Baron *et al.*, 1994).

4.2.4: Identificação de espécies de *Fusarium*

Todos os isolados *de Fusarium* foram identificados até ao nível da espécie com base no aspeto das colónias nos meios MGA, PSA, SNA e CLA e nas caraterísticas microscópicas utilizando a preparação de fita adesiva e a técnica de cultura em lâmina (Booth, 1977; Leslie e Summerell, 2006).

4.2.5: Preservação de isolados fúngicos

4.2.5.1: Armazenamento de curto prazo

As culturas puras dos isolados foram mantidas em meio PDA e armazenadas no frigorífico a 4°C como culturas de reserva, tendo sido efectuadas subculturas de seis em seis semanas (Collee *et al.*, 1996).

4.2.5.2: Armazenamento a longo prazo

Pequenos blocos de ágar (7-10 mm^2) foram cortados da margem de uma colónia fúngica de sete dias e colocados em água destilada esterilizada e armazenados a 4°C como cultura de reserva. Este método é simples e de baixo custo para a manutenção de culturas de fungos (Smith e Onions, 1994).

4.2.6: Indicador de ocorrência e frequência de fungos

- Ocorrência %= (A/B) x100
  A=Número de amostras em que o género ocorre
  B=Número total de amostras.
- Frequência %= (C/D) *100
  C=Número de isolados de cada género
  D=Número de isolados de todos os géneros ou espécies (Choi *et al.*, 1999).

4.2.7: Preparação de suspensões conidiais para isolados de *F. verticillioides*

A suspensão de conídios foi preparada de acordo com o método descrito por Acharlyakul, (2000). Os isolados fúngicos de *F. verticillioides* foram cultivados em lâmina de PDA durante 7 dias a 25°C. Foi adicionado um volume de 10 ml de água destilada estéril, contendo 0,01% de Tween 80 para ajudar a humedecer e a separar os conídios, aos isolados bem cultivados. Os esporos foram agitados com uma ansa esterilizada. A suspensão de conídios foi filtrada através de uma gaze esterilizada. O filtrado foi transferido para um tubo de ensaio esterilizado e, em seguida, utilizou-se 1 ml de suspensão de conídios para inocular os meios.

4.2.8: Identificação de *F. verticillioides, F. proliferatum* e do gene *fum1* por PCR específica da espécie

Todos os isolados foram submetidos a um estudo de rastreio molecular utilizando a técnica de amplificação por PCR. Este método foi efectuado no departamento médico e molecular do Centro de Investigação em Biotecnologia / Universidade do Al-Nahrain.

4.2.8.1: Extração de ADN

Os isolados *de Fusarium* foram cultivados em placas de PDA durante sete dias e, em seguida, os micélios e os conídios foram colhidos e triturados em azoto líquido (Rahjoo, *et al.* 2008). O ADN foi extraído do micélio moído de cada isolado com o kit de ADN genómico Geneaid, de acordo com as instruções do fabricante. O pó foi transferido para um tubo de microcentrifugação de 1,5 ml contendo 300 pl de tampão de lise celular e a amostra foi misturada por vórtex. Os tubos de microcentrifugação foram incubados num banho de água a 60°C durante pelo menos dez minutos; misturados várias vezes durante a incubação. Em seguida, adicionaram-se 100 pl de tampão de remoção de proteínas ao lisado da amostra e agitou-se imediatamente no vórtex durante dez segundos. Os tubos de microcentrifugação foram incubados em gelo durante cinco minutos e depois centrifugados a 14-l600()xg durante três minutos. Transferir o sobrenadante para um tubo de microcentrifugação limpo de 1,5 ml, adicionar 300 pl de isopropanol e misturar bem por inversão. As amostras foram centrifugadas a 14-16000*g durante cinco minutos. O sobrenadante foi descartado e foram adicionados 300 pl de etanol a 70% para lavar o sedimento e depois centrifugar a 14-16000xg durante três minutos. Deitar fora o sobrenadante e secar o sedimento ao ar durante 10 minutos, adicionar 70 pl de TE ou ddH2O e incubar a 60 °C durante 30-60 minutos para dissolver o sedimento de ADN. O ADN dissolvido foi armazenado a -20°C até ser utilizado neste estudo.

4.2.8.2: Deteção de ADN genómico e produtos amplificados

O exame da presença de ADN genómico e de produtos de PCR foi efectuado por eletroforese em gel, visualizado com brometo de etídio e transiluminador UV (Sambrook *et al.,* 1989). A concentração e a pureza do ADN foram medidas utilizando o espetrofotómetro nanodrop-UV a 260/280 nm.

4.2.8.2.1: Tris-borato-EDTA (TBE)

A preparação do tampão de trabalho (1X) foi efectuada adicionando 100ml de tampão TBE (10X) a 900ml de D.W.

4.2.8.2.2: Preparação de agarose

Adicionou-se um grama de agarose a 100 ml de tampão TBE 1X. Após a ebulição, deixou-se arrefecer a 50° C e adicionaram-se 5 pl de brometo de etídio à agarose, que foi vertida num tabuleiro de preparação. O pente foi retirado da agarose depois de endurecer e formar poços.

4.2.8.2.3: Preparação da amostra

Cada poço foi carregado com 10 pl de amostra de ADN e misturado com 2 pl de corante de carga, ou carregado com 10 pl de produto de PCR e escadas de ADN (100 pb) para detetar o tamanho das bandas.

4.2.8.2.4: Eletroforese em agarose

A eletroforese foi efectuada a 5 volt/cm do gel. O gel de agarose foi retirado do tanque e as bandas de ADN foram visualizadas com a ajuda de um transiluminador UV e fotografadas (Mishera *et al.,* 2009).

4.2.8.3: Seleção e preparação de primers

As sequências dos primers oligonucleotídicos forward e reverse utilizados neste estudo estão indicadas na tabela (3-4). Estes primers específicos, fornecidos pela Alpha DNA Company em forma liofilizada, foram preparados para utilização de acordo com as instruções da empresa fornecedora, dissolvendo-os em ddH estéril$_2$ O para obter uma concentração final de 100 picomole/pl. A partir de cada solução de iniciador, foi preparada uma concentração de 10 picomole/pl, adicionando 10 pl de solução-mãe de cada iniciador a 90 pl de ddH2O, misturando bem e armazenando no congelador (-20 °C) até à utilização.

Tabela (3-4): Tipos de primers utilizados neste estudo

Nome do iniciador	Sequência do iniciador (5' ^ 3')	Tamanho do produto (bp)	Especificidade da espécie
ver-F	CTTCCTGCGATGTTTCTCC	578	*F. verticillioidesa*
ver-R	AATTGGCCATTGGTATTATATATCTA		
pro-F	CTTTCCGCCAAGTTTCTTC	585	*F. proliferatuma*
pró-R	TGTCAGTAACTCGACGTTGTTG		
fum-F	CCATCACAGTGGGACACAGT	183	Fumonisina B1[b]
fum-R	CGTATCGTCAGCATGATGTAGC		

[a]Mulé *et al.*, 2004;[b] Bluhm, *et al.*, 2011

4.2.8.4: Reação de amplificação

A amplificação do ADN foi efectuada num volume final de 25 pl, contendo os seguintes elementos do quadro (3-5).

Tabela (3-5): Conteúdo da mistura de reação PCR

Componente	Concentração final	Volume para um tubo (pl)
Mistura principal verde	1X	12.5
Primário direto	10 pmol/pl	2.5
Primário inverso	10 pmol/pl	2.5
Água sem nuclease		2.5

Modelo de ADN	50 ng	5
(Volume final da reação = 25 pl)		

Os tubos de reação de PCR foram misturados e colocados no aparelho termociclador. As condições das reacções em cadeia da polimerase (Tabela: 3-6) foram realizadas de acordo com Mule, *et al.* (2004a) para *ver* e *pro*; El yazeed, *et al.* (2011) para *fum1gene.*

Tabela (3-6): Condições da reação em cadeia da polimerase

Gene	Desnaturação inicial	N.º de ciclos	Desnaturação	Recozimento	Extensão	Extensão final
ver profissional	**95º C durante 5 minutos.**	**35**	**94º C durante 50 segundos.**	**56º C durante 50 segundos.**	**72º C durante 1min.**	**72º C durante 7 minutos.**
fum1	**94º C durante 5 minutos.**	**35**	**94º C durante 1min.**	**58º C durante 1min.**	**72º C durante 1 min.**	**72º C durante 10 minutos**

4.2.9: Seleção de isolados *de F. verticilioides* para a produção de FB1

A produção de FB1 em meio de milho patty foi obtida de acordo com Vismer *et al.* (2004). Cada um dos treze isolados foi cultivado em meio patty maize (3.1.3.2.5) em duplicado para cada isolado; os meios foram inoculados com um ml de suspensão conidial de cada isolado testado. Os patties inoculados foram incubados no escuro a 25° C durante quatro semanas. Mais tarde, foram secos num forno de ar quente a 50° C durante uma noite. Os hambúrgueres secos colhidos foram triturados até se transformarem em pó fino utilizando um moinho de café, sendo depois armazenados num congelador (-20 °C) e utilizados para a análise FB1.

4.2.10: Determinação das condições de cultura para a produção de FB1 3.2.11.1: Efeito de diferentes substratos na produção de FB1

O isolado selecionado de *F. verticilliodes* foi cultivado em cada um dos três meios diferentes (milho, arroz e trigo), tal como mencionado em (3.1.3.2.5). As culturas em duplicado de cada meio foram inoculadas com um ml de suspensão de conídios e depois incubadas a 25°C durante 28 dias. No final do período de incubação, foram precedidas como mencionado em (3.2.9).

4.2.10.1: Efeito de diferentes temperaturas na produção de FB1

Foram utilizadas três temperaturas diferentes (20, 25 e 30) °C para determinar a temperatura óptima para a produção de FB1 em milho patty, tal como mencionado em (3.1.3.2.5). Cada placa foi inoculada com um ml de suspensão de conídios. Todas as placas foram incubadas durante 28 dias e, no final do período de incubação, foram precedidas da análise referida em (3.2.9).

4.2.10.2: Efeito de diferentes períodos de incubação na produção de FB1

Foram utilizados quatro períodos de tempo diferentes (7, 14, 21 e 28) para determinar o período de incubação ótimo para a produção de FB1 em milho patty, tal como mencionado em (3.1.3.2.5). Cada placa foi inoculada com um ml de suspensão de conídios e incubada a 20°C durante um dia específico. No final do período de incubação, procedeu-se como mencionado em (3.2.9).

4.2.11: Preparação do padrão FB1

A preparação da solução-mãe foi efectuada dissolvendo 5 mg de FB1 em 5 ml de acetonitrilo: água (50:50, v/v) e depois mantida a -20°C.

4.2.12: Deteção e quantificação da fumonisina B1

4.2.12.1: Extração de FB1 para análise TLC

O procedimento descrito por Sreenivasa *et al.*, (2012) foi utilizado para a extração de FB1 da seguinte forma:

1. Dez gramas de amostra de cultura de milho patty moída foram transferidos para um copo de 250 ml e misturados com 50 ml de acetonitrilo: água (50:50, v/v).
2. O copo foi coberto com folha de alumínio e depois agitado durante 30 minutos. Depois disso, a mistura foi filtrada com papel de filtro Whatman n.º 4.
3. A solução filtrada foi evaporada até à secura a 50°C. Os extractos secos foram armazenados a 4°C até à análise TLC.

4.2.12.2: Purificação parcial de FB1

Todos os extractos foram combinados, evaporados e dissolvidos em quatro ml de acetonitrilo: água (ACN: H2O; 50:50, v/v) e filtrados através de um filtro Millipore de 0,45 gm. Em seguida, dois ml do extrato filtrado foram adicionados a seis ml de KCl a 1% e carregados na coluna de limpeza C18, que foi pré-condicionada com dois ml de ACN seguido de KCl a 1%. Em seguida, a coluna foi lavada com dois ml de KCl a 1%, seguidos de dois ml de ACN/ H2O (85:15, v/v). Deitaram-se fora os enxaguamentos e forçou-se a passagem de ar através da coluna para expulsar toda a solução de enxaguamento. O FB1 foi eluído da coluna com dois ml de ACN: H2O (70:30, v/v) e, em seguida, o eluído foi transferido para um pequeno frasco de vidro e evaporado até à secura, sendo depois armazenado em congelador até à análise (Sreenivasa *et al.*, 2012).

4.2.12.3: Análise por cromatografia em camada fina (TLC)

A técnica TLC foi utilizada em gel de sílica florescente de 20*20 cm para detetar FB1 da seguinte forma:

1. A placa TLC foi activada a 110°C durante uma hora, tendo sido deixados 2 cm do fundo e 2 cm dos outros lados da placa.
2. Cada um dos extractos brutos e o padrão FB1 foram dissolvidos separadamente em acetonitrilo: água (50:50, v/v).
3. Foram aplicados separadamente na mesma placa dez litros de cada padrão e extrato bruto. Foram efectuadas duas réplicas e deixou-se secar as manchas.
4. A placa foi colocada numa cuba de revelação que foi desenvolvida com um sistema de solventes de acetonitrilo: água (85:15 v/v), tal como descrito por (Desjardins *et al.,* 1994).
5. Quando o sistema solvente atingiu 2 cm do topo da placa, esta foi retirada do tanque e deixada a secar.
6. A placa foi pulverizada com 0,5% de P-anisaldeído em (metanol: ácido sulfúrico: ácido acético, 90:5:1, v/v/v) e aquecida na estufa a 100°C durante 5 minutos (Bailly *et al.*, 2005).
7. As placas foram observadas sob luz UV a 365 nm. A toxina foi estimada por comparação visual com o padrão manchado.
8. O valor R_f foi estimado como o rácio entre o ponto deslocado e a distância do solvente deslocada desde o ponto de partida, de acordo com a seguinte equação:
   Rf = Distância do ponto movido/ Distância do solvente movido

4.2.12.4: Extração de FB1 para análise ELISA

Amostra Preparada de acordo com as instruções de fabrico, como se segue:

1. Cinco gramas de cultura de milho em patty moído foram colocados num recipiente adequado.
2. Adicionaram-se 25 ml de metanol a 70 % e agitou-se durante 20 minutos com um agitador.

3. A amostra foi centrifugada durante 10 minutos a 4.000 rpm.
4. Um ml do sobrenadante obtido foi diluído com um ml de água desionizada.
5. Foram utilizados no ensaio 50 pl do sobrenadante diluído por poço.

4.2.12.5: Técnica ELISA (Enzyme Linked Immune Sorbent Assay)

A deteção de FB1 pela técnica ELISA foi efectuada utilizando o kit BiooScientific ELISA.

4.2.12.5.1: Preparação da solução de lavagem 1X

Um volume da solução de lavagem 20X foi misturado com dezanove volumes de D.W.

4.2.12.5.2: Protocolo de teste ELISA

1. O kit de teste foi colocado à temperatura ambiente (20-25°C) durante uma a duas horas.
2. Foram adicionados 50 pl de cada padrão FBI (0, 1, 5, 10, 25, 50, 100 ng/ml) em duplicado em diferentes poços.
3. Foram adicionados 50 pl de cada amostra extraída, em duplicado, a diferentes poços de amostra.
4. Adicionou-se 50 pl de 1X Antibody #2 (HRP-conjugated Ab2) a cada poço e, em seguida, adicionou-se 50 pl de 1X Antibody #1 (specific FB1 Ab1) a cada poço e misturou-se bem, agitando suavemente a placa manualmente durante um minuto.
5. A placa foi incubada durante 30 minutos à temperatura ambiente (20 - 25 °C)
6. A placa foi lavada três vezes com 300 pl de solução de lavagem 1X. Após a última lavagem, a placa foi invertida e, batendo suavemente, a placa foi seca em toalhas de papel.
7. Adicionaram-se 100 pl de substrato TMB. A solução foi bem misturada, agitando a placa manualmente durante um minuto, enquanto se incubava.
8. A placa foi incubada durante 15 minutos à temperatura ambiente (20 - 25 °C).
9. Após a incubação, adicionou-se uma centena de tampão de paragem para parar a reação enzimática.
10. A leitura da placa foi efectuada o mais rapidamente possível após a adição do tampão de paragem num leitor de placas com um comprimento de onda de 450 nm.

4.2.12.5.3: Cálculos de concentração FB1

A concentração % de FB1 nas amostras de ensaio foi calculada utilizando a curva-padrão de FB1 (Fig. 3), de acordo com a seguinte equação

Absorvância relativa (%) = (B x 100) / **B0**

B: absorvância do padrão (ou da amostra), **B0**: absorvância do padrão zero.

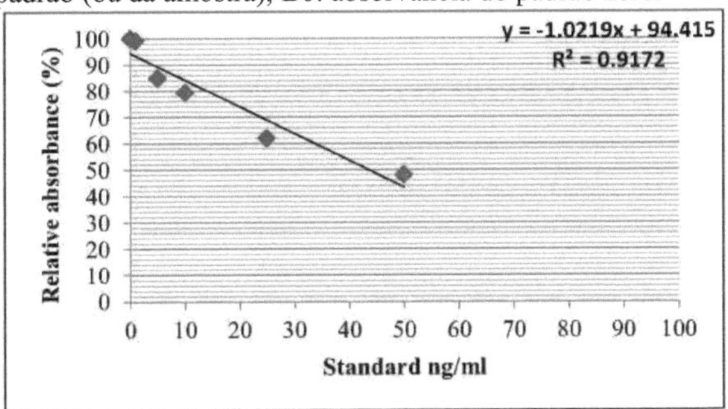

Figura (3-1): Curva-padrão da fumonisina B1

4.2.13: Determinação da dose letal mediana de FB1

4.2.13.1: Animais de laboratório

Trinta e seis ratos albinos suíços machos (4 semanas de idade, 24±2 gramas de peso), obtidos no Iraqi Center of Cancer and Medical Genetic Researches (ICCMGR)/ Al- Mustansyriah University, foram adaptados durante duas semanas antes do início da experiência. Foram mantidos num ambiente de laboratório; dieta, água e temperatura no biotério do Centro de Investigação em

Biotecnologia/Universidade Al-Nahrain.

4.2.13.2: Conceção experimental

Trinta e seis ratinhos foram divididos em seis grupos. Cada grupo foi administrado por gavagem oral com diferentes concentrações de FB1, como se segue: 2000ppb, 1800ppb, 1600ppb, 1200ppb, 800ppb e grupo de controlo (grupo não tratado). Após 24 horas, todos os ratinhos tratados foram examinados para determinar a concentração que matou metade dos animais e foi considerada como dose letal média (LD50) (Makun, *et al.* 2010). Os restantes grupos foram escarificados após duas semanas de administração oral.

4.2.14: Colheita de sangue

As amostras de sangue foram recolhidas no final da experiência nos grupos de sobreviventes. Cerca de 0,5-1 ml de sangue foi colhido diretamente do coração através de punção cardíaca, utilizando uma seringa de um ml e uma agulha de calibre 22. O sangue foi colhido num tubo de ensaio estéril sem anticoagulante, deixado à temperatura ambiente, depois centrifugado a 3000 rpm durante quinze minutos para obter uma quantidade adequada de soro e depois mantido em congelação a -20°C para exame bioquímico.

4.2.15: Determinação das enzimas hepáticas e da função renal 3.2.16.1: Aspartato aminotransferase (AST) ELISA

A placa de microtítulo foi pré-revestida com um anticorpo específico para a AST. Foram adicionados 100 pl de padrão AST e de amostras de soro aos poços, cobertos com o selador de placas e incubados durante duas horas a 37° C. Após a incubação, retirar o líquido de cada poço sem o lavar. Adicionaram-se cem pl de reagente de deteção (A) a cada alvéolo e cobriu-se a placa com o selador de placas, incubando-a a 37° C durante uma hora. A solução foi removida e lavada três vezes com 350 LI1 de solução de lavagem 1x para cada alvéolo e, em seguida, a placa foi invertida e colocada sobre papel absorvente. Adicionaram-se 100 pl de reagente de deteção (B) a cada alvéolo e cobriu-se a placa com um vedante, incubando-a em seguida durante 30 minutos a 37° C. O processo de aspiração/lavagem foi repetido cinco vezes. Adicionaram-se 90 ml de solução de substrato a cada alvéolo e cobriu-se com um vedante, incubando-se a 37° C durante 15 a 25 minutos. Em seguida, foram adicionados 50 ml de solução de paragem a cada poço, tendo a mistura ficado amarela. A placa foi imediatamente medida a 450nm.

A concentração de AST nas amostras foi determinada por comparação do D.O. das amostras com a curva-padrão (Fig. 3-4).

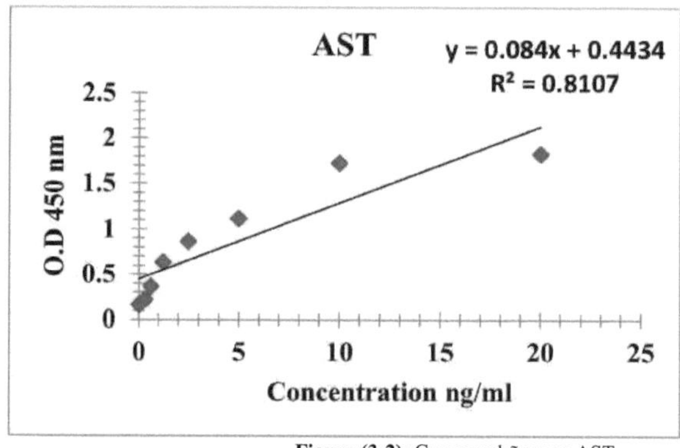

Figura (3-2): Curva-padrão para AST.

4.2.15.1: Fosfatase alcalina (ALP) ELISA

A placa de microtítulo foi pré-revestida com um anticorpo específico para a ALP. Foram adicionados aos poços 100 l de padrão de ALP e de amostras de soro, procedendo-se de seguida como referido em (3.2.15.1). A concentração de ALP nas amostras foi determinada por comparação da D.O.

das amostras com a curva padrão (Fig. 3-5).

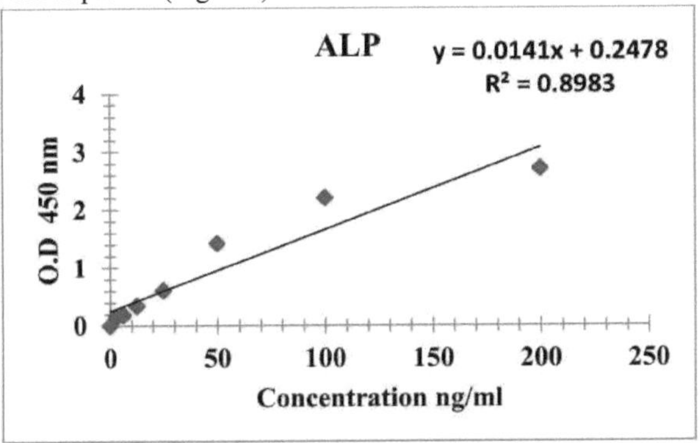

Figura (3-3): Curva padrão para ALP.

4.2.15.2: Alanina Aminotransferase (ALT) ELISA Assay

A placa de microtítulo foi pré-revestida com um anticorpo específico para a ALT. Foram adicionados aos poços 100 Lil de padrão de ALT e de amostras de soro, procedendo-se de seguida como referido em (3.2.15.1). A concentração de ALT nas amostras foi determinada por comparação da D.O. das amostras com a curva padrão (Fig. 3-6).

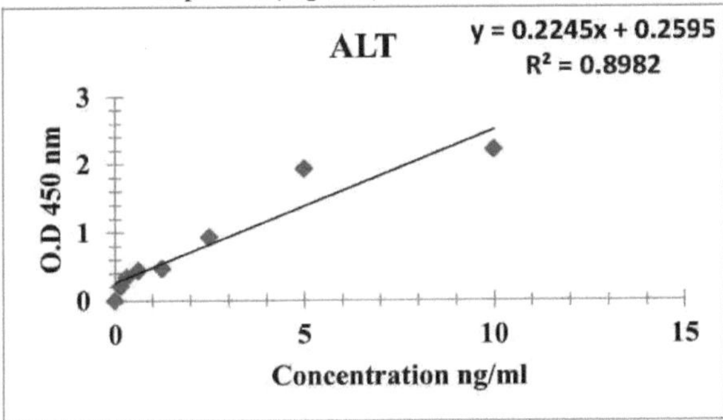

Figura (3-4): Curva padrão para ALT.

4.2.15.3: Ensaio de creatinina

Foram adicionados dez mililitros de amostras e de padrão a cada poço, seguidos de cinquenta mililitros de mistura de reação (40 mililitros de tampão de ensaio; 2 mililitros de enzima de conversão da creatinina; 2 mililitros de mistura de desenvolvimento da creatinina; 4 mililitros de mistura de substrato de creatinina; 2 mililitros de sonda de creatinina) a cada poço contendo o padrão e as amostras. A mistura foi incubada à temperatura ambiente durante 30 minutos e, em seguida, o D.O. foi medido a 570nm. De acordo com a curva padrão (Fig. 3-7), podem ser calculadas as concentrações de creatinina das amostras de teste:

C = *Sa*^$^ (nmol/gl)

Sa: amostras (nmol) da curva padrão.

Sv: volume da amostra (Ll).

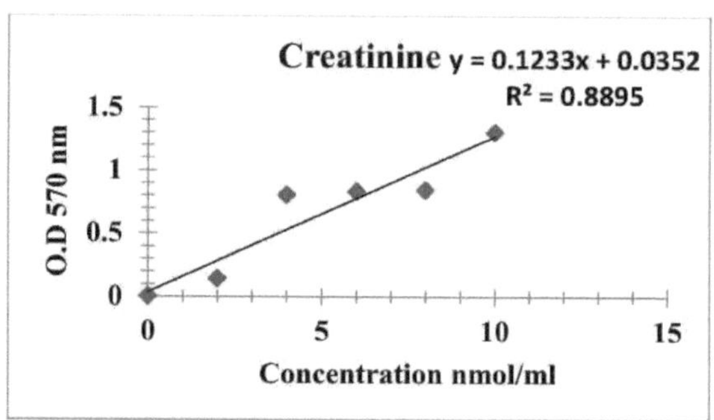

Figura (3-5): Curva padrão de creatinina.

4.2.15.4: Ensaio de ureia no sangue

Distribuir cinco pl de soro, água (branco) e padrão em duplicado pela placa de poços e, em seguida, adicionar duzentos pl de reagente de trabalho, batendo ligeiramente para misturar. Incubar à temperatura ambiente durante 20 minutos e, em seguida, proceder à leitura da densidade ótica a 520 nm.

A concentração de ureia (mg/dl) da amostra foi calculada da seguinte forma

$$\text{Urea} = \frac{(\text{O. D sample} - \text{O. D. blank})}{(\text{O. D standard} - \text{O. D. blank})} \times n \times [\text{STD}]$$

DO da amostra, DO do branco e DO do padrão são os valores de DO da amostra, do padrão e da água, respetivamente. n= fator de diluição. [STD] = 50, concentração padrão de ureia (mg/dL).

4.2.16: Estudo histopatológico

As preparações histológicas foram efectuadas de acordo com Luna (1968). Amostras frescas de fígado, rim e baço de ratinhos sacrificados foram fixadas em formalina a 10%. Os tecidos foram transferidos para o processador automático de tecidos, onde foram desidratados durante uma a duas horas em cada uma das concentrações ascendentes de álcool (70%, 90% e 100% v/v). Os tecidos desidratados foram limpos em xileno durante uma a duas horas e, em seguida, submergidos em cera de parafina fundente durante mais uma a duas horas, deixados arrefecer e depois bloqueados em cera de parafina, tendo as secções sido cortadas com um micrótomo de 4-5 pm de espessura e depois flutuadas num banho de água quente a 40-45°C, fixadas em lâminas e depois secas numa estufa a 50-55°C para dissolver a cera. As secções foram desparafinadas em xileno e desidratadas em concentrações decrescentes de álcool (100%, 90% e 70%) e lavadas com água durante cinco minutos. Foram coradas com hematoxilina durante cinco a dez minutos e com eosina durante quinze a trinta segundos. Foram lavadas com água durante cinco minutos, depois desidratadas em concentrações ascendentes de álcool (70%, 90% e 100%) durante um minuto cada, secas e, por fim, limpas em xileno e montadas em Disterne-Plastcizer Xylene (DPX) e a lâmina foi coberta. As lâminas preparadas foram guardadas para exame histopatológico.

4.2.17: Análise estatística

Todas as análises foram efectuadas utilizando o pacote estatístico (SPSS) versão treze. Os dados foram expressos em média, desvio padrão e percentagem. A ANOVA foi utilizada para analisar medidas repetidas. Os resultados foram determinados como muito significativos ($P<0,001$), significativos ($P<0,01$) e significativos ($P<0,05$) e não significativos ($P>0,05$).

Capítulo 4

Resultados

4.1: Isolamento e identificação da micoflora do milho

Os resultados das culturas mencionadas no ponto 3.2.2 revelaram que foram encontrados oito géneros de fungos nas amostras de milho do presente estudo; *Aspergillus* (58,6%) foi o género mais predominante, seguido de *Fusarium* (17,5%), como se mostra no quadro (4-1).

Tabela (4-1): Ocorrência e frequência de géneros de fungos em grãos de milho.

Géneros	N.º de isolados	Ocorrência %	Frequência %
Aspergillus	364	32	58.6
Fusarium	109	25	17.5
Rhizopus	42	12.2	6.8
Alternaría	38	9.6	6.1
Mucor	24	10.3	3.9
Penicillum	24	8.3	3.9
Bipolaris	12	1.3	1.9
Trichothecium	8	1.3	1.2
Total	621	100	100

4.2: Isolamento e identificação de *Fusarium* spp.

Os resultados da cultura mencionados no ponto 3.2.4 revelaram que foram obtidos cento e nove isolados de *Fusarium* spp. a partir de diferentes amostras de milho cultivadas em MGA, como mostra a figura (4-1), e depois subcultivadas em PDA.

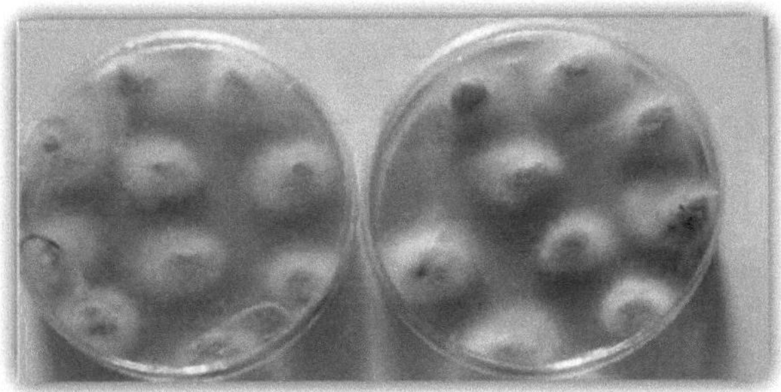

Figura (4-1): Predominância de *Fusarium spp.* em amostras de milho em meio MGA a 25°C por sete dias.

Todas as colónias *de Fusarium* foram transferidas para meios PSA, CLA e SNA para identificação ao nível da espécie, dependendo do aspeto macroscópico (morfologia e cor da colónia) e do aspeto microscópico (tipos de conídios e fialídeos).

A Tabela (4-2) mostra que a frequência de *Fusarium* spp. em sementes de milho foi: *F. verticillioides* (70,64%), *F. proliferatum* (8,26%), *F. oxysporum* (7,34%), *F. graminearum, F. solani* e *Fusarium* spp. (4,59%). Como se pode ver na tabela (4-2), a espécie mais frequente foi *F. verticillioides*.

Tabela (4-2): Frequência de *Fusarium spp.* em grãos de milho

Isolados	N.º de isolados	Frequência %
F. verticillioides	**77**	**70.64**
F. proliferatum	**9**	**8.26**
F. oxysporum	**8**	**7.34**
F. graminearum	**5**	**4.59**
F. solani	**5**	**4.59**
Fusarium spp.	**5**	**4.59**
Total	**109**	**100**

4.3: Caraterísticas gerais de *F. verticillioides*

Setenta e sete isolados de *F. verticillioides* isolados de amostras de milho apareceram macroscopicamente como colónias de cor branca em PDA e produziram pigmento violeta na cultura antiga, como se mostra na figura (4-2).

O aspeto microscópico de *F. verticillioides* foi caracterizado pela produção de macroconídios, que são longos, delgados, retos, com célula apical curva e afilada, e célula basal entalhada ou em forma de pé, com três a cinco septos. Também produz microconídios, que são ovais a em forma de taco, sem septos, dispostos em longas cadeias produzidas a partir de monofialídeos. Podem também ser observados pequenos agregados de poucos esporos. Os clamidósporos não são produzidos (Fig.4-3).

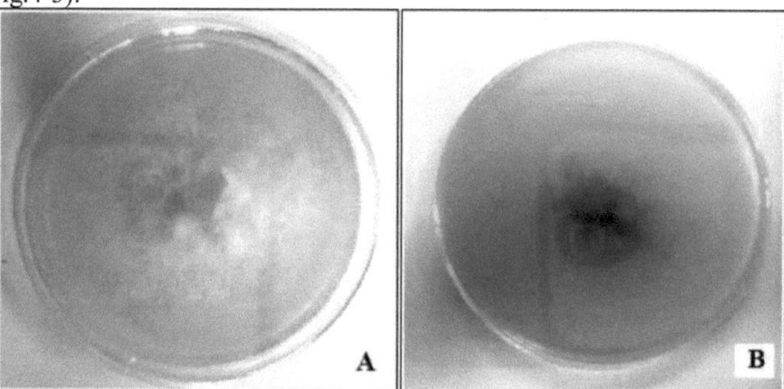

Figura (4-2): Morfologia das colónias de *Fusarium verticillioides* em PDA a 25°C durante sete dias (A) lado de cima, (B) lado de trás.

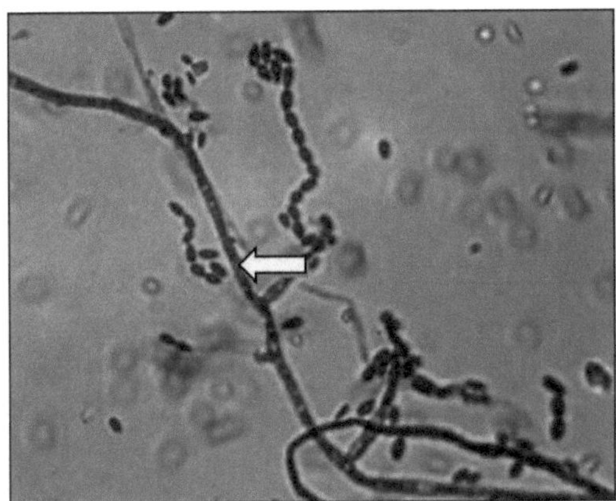

Figura (4-3): Aspeto microscópico de *Fusarium verticillioides* utilizando a coloração lactofenol azul algodão (40X), mostrando cadeia de microconídios e monofiálides.

4.4: Caraterísticas gerais de *F. proliferatum*

Nove isolados de *F. proliferatum* isolados de amostras de milho apareceram como colónias macroscopicamente brancas em PDA, mas podem tornar-se violáceas em culturas antigas, como se mostra na figura (4-4).

O aspeto microscópico de *F. proliferatum* foi caracterizado pela produção de macroconídios, que são delgados, rectos, curvados na célula apical, e célula basal pouco desenvolvida, com três a cinco septos. Produz microconídios, que têm forma de taco com base achatada e sem septo, podem ser encontrados em cadeias de comprimento variável e/ou falsas cabeças. Também são produzidos a partir de monofialídeos e polifialídeos (Fig.4-5).

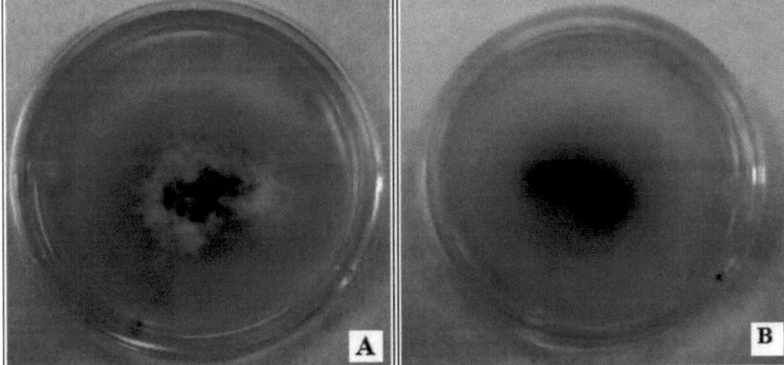

Figura (4-4): Morfologia da colónia de *Fusariumproliferatum* em PDA a 25°C durante sete dias (A) lado de cima, (B) lado inverso.

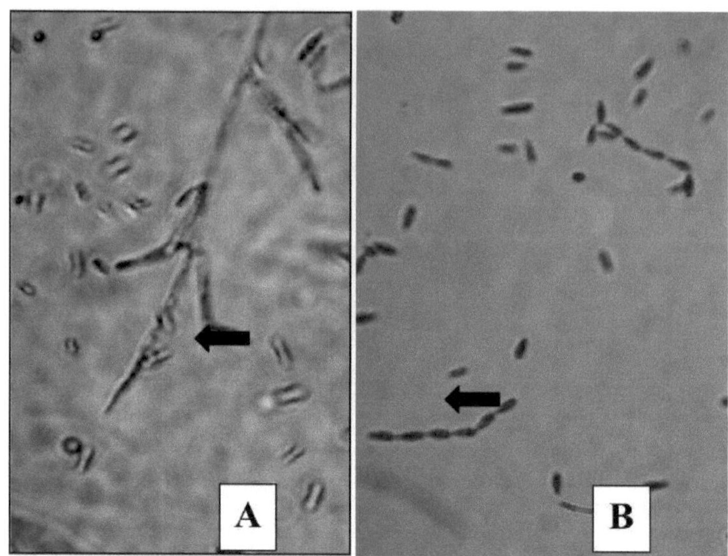

Figura (4-5): Aspeto microscópico de *Fusarium proliferatum* utilizando a coloração azul de algodão com lactofenol (40X). A: mostrando polifialídeos, B: cadeia de microconídios.

4.5: Deteção molecular de *F. verticillioides, F. proliferatum* e do gene *fum1*

4.5.1: Extração de ADN

O ADN foi extraído de forma eficiente utilizando azoto líquido e o kit de ADN genómico Geneaid. A pureza e a concentração foram medidas utilizando o espetrofotómetro nanodrop-UV (Rahjoo, *et al.* 2008). O rendimento do ADN extraído situou-se na gama de (770,4-4998,0) ng/pl com uma pureza de (1,4-1,8).

4.5.2: PCR específica da espécie

Setenta e sete isolados de F. *verticillioides* e nove isolados de *F. proliferatum* foram submetidos a análise molecular utilizando PCR específica para cada espécie, como se segue: gene *ver* para identificar isolados de *F. verticillioides*, gene *pro* para identificar *F. proliferatum* e gene *fum1* para deteção da toxina FB1.

A tabela (4-3) revelou que o gene *ver* apareceu em treze isolados apenas para *F. verticillioides*, enquanto o gene *pro* apareceu em um isolado apenas para *F. proliferatum,* como mostrado nas figuras (4-6) e (4-7) respetivamente, enquanto o gene *fum1* apareceu em todos os treze isolados pertencentes a *F. verticillioides,* e não apareceu em um único isolado pertencente a *F. proliferatum,* como mostrado na figura (4-8).

Tabela (4-3): Identificação de *F. verticillioides* e *F. proliferatum* e deteção do gene *fum1* por PCR específica da espécie.

Espécies	N.º de isolados	Resultados do iniciador de PCR		
		ver	profissional	*fum1*
F. verticillioides	77	13	-	13
F. proliferatum	9	-	1	-

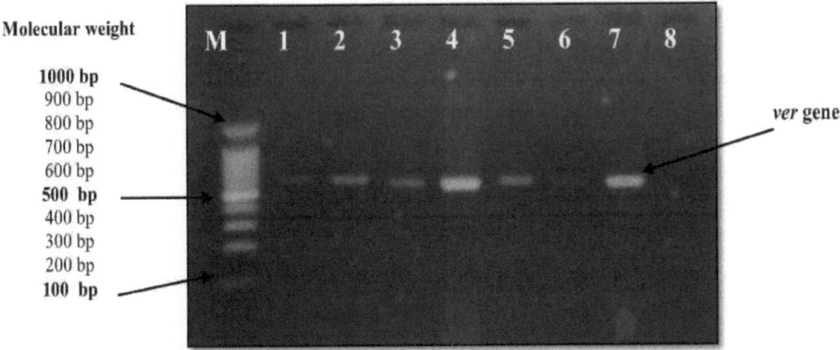

Figura (4-6): Eletroforese em gel (agarose a 1,2%) do gene *ver* (575 pb), utilizando uma escada de ADN de 100 pb (M=escada de ADN;
Linhas (2-5 e 7)=*verificação* positiva. *F. verticillioides*).

Figura (4-7): Eletroforese em gel (agarose a 1,2%) do gene *pro* (585 pb), utilizando uma escada de ADN de 100 pb (M=escada de ADN;
Pista (8) =positivo *pro. F. proliferatum;* pistas (1-7 e 9) =negativas).

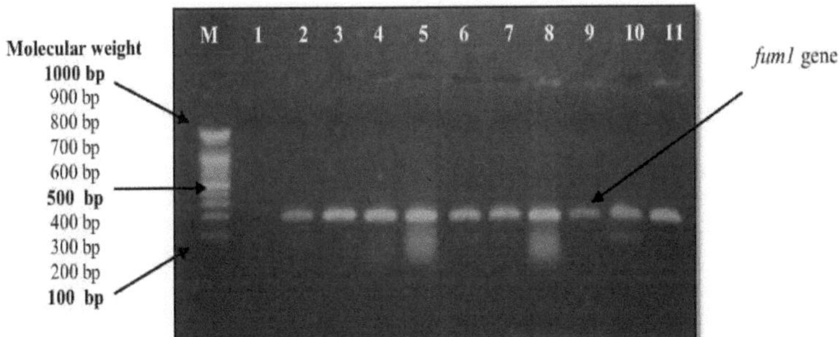

Figura (4-8): Eletroforese em gel (agarose a 1,2%) do gene *fum1* (183 pb), utilizando uma escada de ADN de 100 pb (M= escada de ADN;
Pista (1) = *F. proliferatum fum1* negativo*;* Pistas (2-11)= *F. verticillioides fum1* positivo).

3.6: Rastreio de isolados *de F. verticillioides* para a produção de FB1 utilizando a técnica TLC

A capacidade de treze isolados de *F. verticillioides* para a produção de FB1 foi determinada utilizando o meio de milho patty como fermentação em estado sólido, como se mostra na figura (4-

9), e a sua capacidade para a produção de FB1 utilizando a técnica TLC, como se mostra na figura (410). Os resultados revelaram que todos os isolados de *F. verticillioides* eram produtores de FB1. A placa TLC revelou que a mancha de FB1 após pulverização com uma mistura de 0,5% de p-anisaldeído, com valores Rf de 0,46, apareceu como manchas castanhas à luz visível e brancas à luz UV.

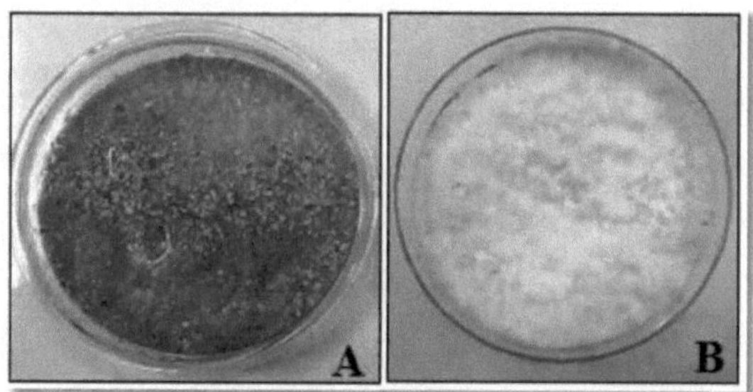

Figura (4-9): Cultura de milho Patty a 25°C durante 28 dias; A: antes da inoculação, B: depois da inoculação

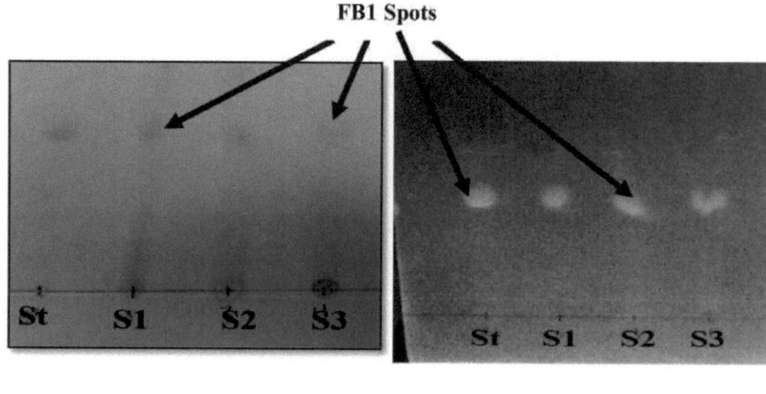

Figura (4-10): Deteção de amostras parcialmente purificadas e do padrão FB1 por TLC. (A): à luz visível (manchas castanhas), (B): à luz UV (manchas brancas). St: padrão FB1. S1, S2 e S3= Isolados.

3.7: Rastreio de isolados *de F. verticillioides* para a produção de FB1 utilizando ELISA

A produção de FB1 em treze isolados foi detectada por ELISA. Os resultados na tabela (4-4) mostraram que o nível mais elevado de produção de FB1 foi de 175,39 ppb para o isolado FV1, enquanto os outros isolados variaram entre (21,31-170,51ppb). De acordo com estes resultados, o isolado FV1 foi selecionado para estudar as condições óptimas de produção de FB1, uma vez que apresentou a produtividade mais elevada.

Tabela (4-4): Produção de FB1 por isolados de *F. verticillioides* em meio de milho patty a 25°C durante 28 dias.

Isolados	Fonte*	FBI ppb (Média+SD)**
FV1	**M**	**175.39+3.55[a]**
FV2	**S**	**170.51+4.27b**
FV3	**M**	**168.30+5.68[b]**

FV4	S	167.16+5.09b
FV5	M	167.19+2.84[b]
FV6	M	165.49+3.88c
FV7	S	124.27+3.04[d]
FV8	S	124.29+3.66[d]
FV9	M	121.54+2.27[d]
FV10	S	86.19+2.91[d]
FV11	S	62.46+2.26[e]
FV12	S	34.31+2.58[f]
FV13	S	21.31+2.18[g]

***M= mercados locais, S= Silo**

**** Letras diferentes dentro da mesma coluna são significativamente diferentes (P<0,05)**

3.8: Condições óptimas para a produção de FB1

3.8.1: Efeito dos substratos

Foram utilizados três substratos (milho, trigo e arroz) para apoiar o crescimento fúngico e estimular a produção de FB1 por *F. verticillioides* estirpe FV1. Os resultados na tabela (4-5) revelaram que estes substratos variavam na sua capacidade de induzir a produção de FB1. Neste estudo, a produção elevada de FB1 ocorre no milho (169,48 ppb), seguida pelo trigo (155,55 ppb) e depois pelo arroz (148,06).

Tabela (4-5): Produção de FBI em diferentes meios de substrato a 25°C durante 28 dias.

Substrato	FBI ppb (Média+SD)**
Milho	169.48+4.74a
Trigo	155.55+5.43b
Arroz	148.06+3.55[c]

****Letras diferentes dentro da mesma coluna são significativamente diferentes (P<0,05).**

3.8.2: Efeito da temperatura

A temperatura é um dos factores importantes que influenciam a produção de FB1, pelo que tem de ser optimizada. A produção de FB1 foi obtida a várias temperaturas (20, 25 e 30°C) utilizando meios de cultura de milho patty. Verificou-se que a temperatura óptima para a produção de FB1 pelo isolado FV1 era de 20°C (157,02 ppb). No entanto, o aumento da temperatura de incubação conduziu a uma diminuição da produção de toxina, tal como ilustrado na tabela (4-6).

Tabela (4-6): Produção de FB1 a diferentes temperaturas após 28 dias, em meio de milho patty.

Temperatura (°C	FB1 ppb (Média+SD)**
40	**157.02+7.59a**
25	**154,46+4,94ab**

30	**147.29+3.74b**

****Letras diferentes dentro da mesma coluna são significativamente diferentes (P<0,05)**

3.8.3: Efeito do período de incubação

A produção de FB1 pelo isolado FV1 foi observada durante 7, 14, 21 e 28 dias. Os resultados revelaram que a produção máxima de FB1 (154,16 ppb) foi alcançada após 21 dias; no entanto, diminuiu para (149,29 ppb) quando a incubação foi prolongada até 28 dias, como se mostra na tabela (4-7).

Tabela (4-7): Produção de FBI para diferentes períodos de incubação a 20° C em meio de cultura de milho patty.

Período de incubação (dia)	FB1 ppb (Média+SD)
7	**138.21+2.61a**
14	**145.40+3.54b**
21	**154.16+4.26c**
28	**149.29+3.06b**

****Letras diferentes na mesma coluna são significativamente diferentes (P<0,05)**

3.9: Determinação da DL50 para ratinhos machos tratados com FB1

A DL50 da FB1 foi detectada através da determinação da dose que causou 50% de morte em animais de laboratório. Quando a toxina FB1 foi administrada por gavagem oral a ratinhos, a morte ocorreu a 1800ppb, não tendo sido observada qualquer morte em ratinhos machos nas concentrações de 800ppb e 1200ppb, como se mostra na tabela (4-9). Por conseguinte, 800 ppb e 1200 ppb foram utilizados para estudar as enzimas hepáticas (ALT, AST, ALP), as funções renais e os efeitos histopatológicos.

Tabela (4-8): Percentagem de ratinhos mortos após gavagem oral com FB1

Grupos	Concentração de FB1 ppb	N.° de ratos	N.° de mortes após 24 horas	Percentagem de morte %
1	2000	6	5	**83.3**
2	1800	6	3	**50**
3	1600	6	1	**16.7**
4	1200	6	0	0
5	800	6	0	0

3.10: Efeito do FB1 nas enzimas hepáticas e nas funções renais de ratinhos machos

A Tabela (4-10) mostrou o efeito do FB1 nas enzimas hepáticas (ALT, AST e ALP) em ratinhos. Os resultados revelaram uma diferença significativa na elevação das enzimas hepáticas das concentrações de 800 ppb e 1200ppb quando comparadas com o grupo de controlo (não tratado), bem como uma diferença significativa entre as concentrações de 800 ppb e 1200ppb para as enzimas AST e ALP. No entanto, não se registou uma diferença significativa entre ambas as concentrações para a enzima ALT.

Tabela (4-9): Efeito do FB1 nas enzimas hepáticas em ratos machos.

Grupos de parâmetros	ALT ng/ml (Média+SD)	AST ng/ml (Média+SD)	ALP ng/ml (Média+SD)
Controlo	**1.611+0.115a**	**6.875+0.871 a**	**46.43+4.70 a**

800 ppb	**2.381+0.156^{b}**	**13.125+1.139 ^{b}**	**72.14+5.44 ^{b}**
1200 ppb	**2.738 +0.111^{b}**	**15.595+0.784^{c}**	**102.86+ 4.91^{c}**

****Letras diferentes dentro da mesma coluna são significativamente diferentes (P<0,05).**

A tabela (4-11) mostra o efeito do FB1 nas funções renais (creatinina e ureia no sangue). Os resultados revelaram que os ratos tratados com FB1 em concentrações de 800ppb e 1200 ppb provocaram uma elevação da creatinina. Existe uma diferença significativa entre ambas as concentrações e o grupo de controlo. Os resultados também revelaram uma diferença significativa na elevação da ureia no sangue das concentrações de 800 ppb e 1200 ppb quando comparadas com o grupo de controlo (não tratado), mas não houve diferença significativa entre ambas as concentrações.

Tabela (4-10): Efeito do FB1 nas funções renais em ratinhos machos.

Grupos de parâmetros	Creatinina nmol/ml (Média+SD)	Ureia no sangue mg/dl (média+SD)
Controlo	**3.4756+ 0.327 a**	**22.746+6.742 a**
800 ppb	**6.5854+ 0.580^{b}**	**55.493+8.529 ^{b}**
1200 ppb	**8.9228+1.361^{c}**	**58.310+7.714^{b}**

****Letras diferentes na mesma coluna são significativamente diferentes (P<0,05)**

4. 11: O efeito histopatológico do FB1 em ratinhos machos

4.11.1: Efeito no baço

A secção do baço do grupo de controlo mostrou um aspeto de estrutura normal, contendo polpa branca e vermelha normal, como se mostra na (Fig. 4-11), em comparação, os ratos tratados com FB1 a 800 ppb revelaram alargamento da polpa branca com degeneração do tecido parenquimatoso, como se mostra na figura (4-12). Enquanto que, a uma concentração de 1200 ppb, o baço apresenta hiperplasia linfoide folicular e alargamento da polpa branca com redução da polpa vermelha, como se mostra na figura (4-13).

4.11.2: Efeito no fígado

Na secção do fígado do grupo de controlo que mostra o aspeto normal da estrutura da veia central e das células dos hepatócitos (Fig. 4-14), em comparação, os ratos tratados com FB1 a 800 ppb revelaram uma necrose periportal comentada por células inflamatórias crónicas, como mostra a figura (4-15), enquanto que a concentração de 1200 ppb de FB1 revelou uma inflamação periportal ligeira e células degenerativas, como mostra a figura (4-16).

4.11.3: Efeito nos rins

A secção do rim do grupo de controlo mostrou uma estrutura normal que consiste em glomérulos e túbulos renais (Fig. 4-17). Em comparação, os ratos tratados com uma concentração de 800 ppb de FB1 revelaram alterações degenerativas e apoptóticas das células tubulares epiteliais renais, como mostra a figura (4-18). Enquanto que a concentração de 1200 ppb mostra alterações degenerativas ligeiras das células tubulares epiteliais renais com células apoptóticas (Fig. 4-19).

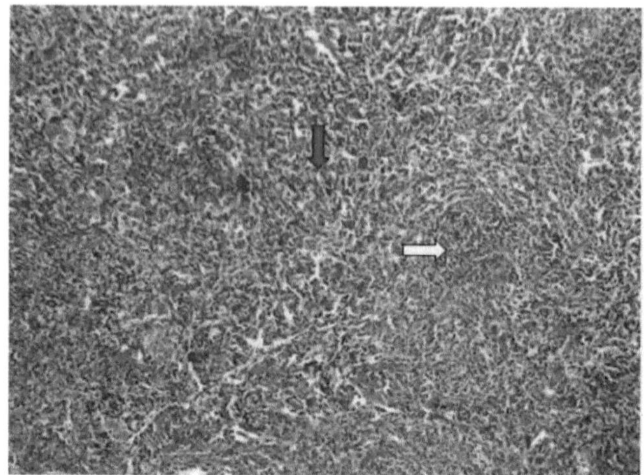

Figura (4-11): Secção histológica do baço de ratinho (grupo não tratado) mostrando o aspeto normal da estrutura que consiste em polpa branca e vermelha. (X200; H&E). **Seta vermelha: polpa** vermelha, **Seta branca: polpa** branca.

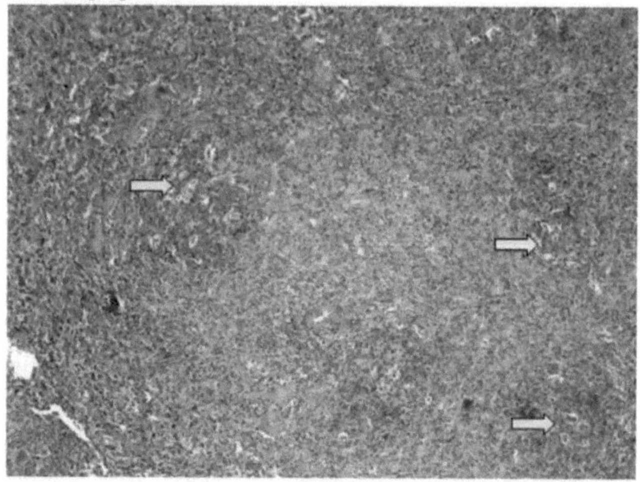

Figura (4-12): Secção histopatológica de baço de ratinho tratado com 800 ppb de FB1 mostrando alargamento da polpa branca com degeneração do tecido parenquimatoso (X200; H&E). **Seta amarela:** hiperplasia linfoide folicular.

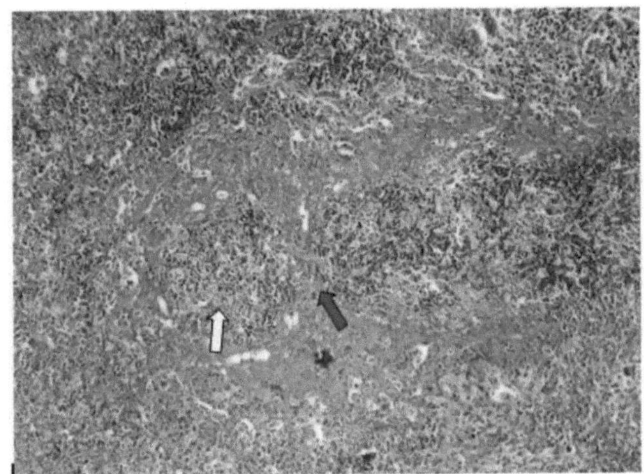

Figura (4-13): Secção histopatológica de baço de ratinho tratado com 1200 ppb de FB1 mostrando hiperplasia linfoide folicular com degeneração do tecido parenquimatoso (X200; H&E). **Seta vermelha:** polpa vermelha; **Seta branca:** polpa branca.

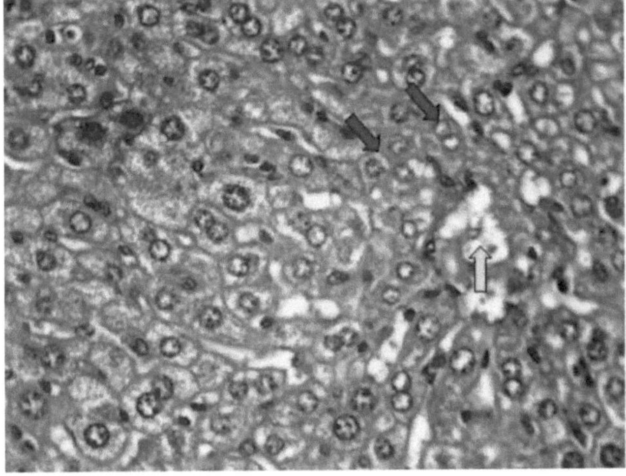

Figura (4-14): Secção histológica do fígado de ratinho (grupo não tratado) mostrando o aspeto normal da estrutura da veia central com filamentos de células de hepatócitos (X400; H&E). **Seta vermelha:** hepatócitos; **Seta amarela:** veia central.

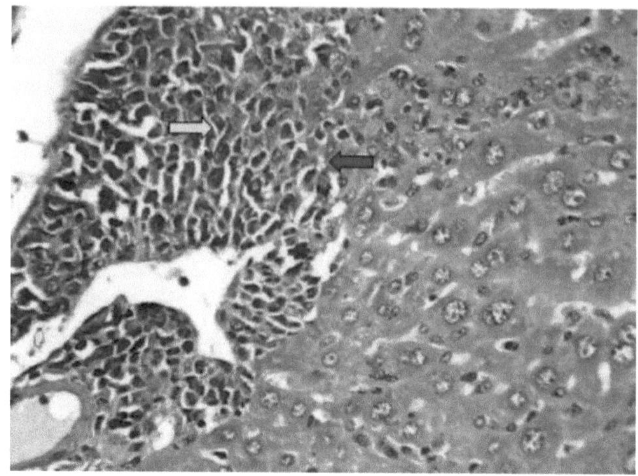

Figura (4-15): Secção histopatológica de fígado de ratinho tratado com 800 ppb de FB1 mostrando necrose periportal comentada por células inflamatórias crónicas (X400; H&E). **Seta vermelha:** hepatócitos necróticos, seta **amarela:** infiltração de células inflamatórias.

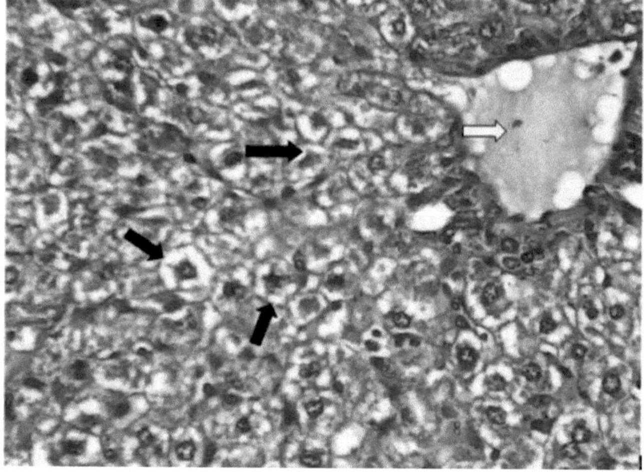

Figura (4-16): Secção histopatológica de fígado de ratinho tratado com 1200 ppb de FB1 mostrando uma inflamação periportal ligeira e células degenerativas (X400; H&E). **Seta preta:** célula degenerativa; **Seta branca:** veia central.

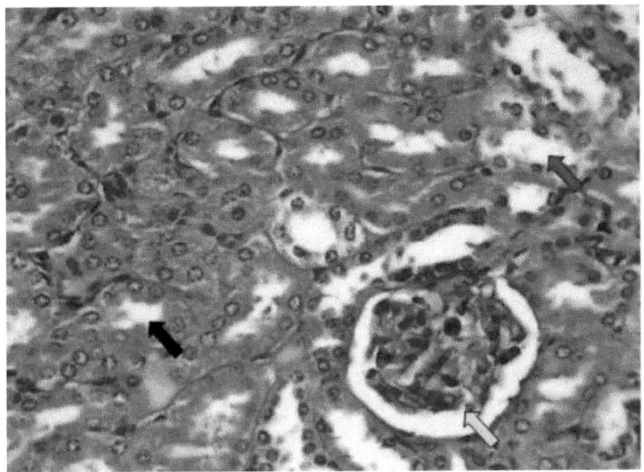

Figura (4-17): Secção histológica do rim de rato (grupo não tratado) mostrando o aspeto normal da estrutura, que consiste em glomérulos e túbulos renais (túbulos contorcidos proximais e distais) (X400; H&E). **Seta vermelha:** Túbulos contornados distais, seta **preta:** Túbulos contorcidos proximais, seta **amarela:** Glomérulos.

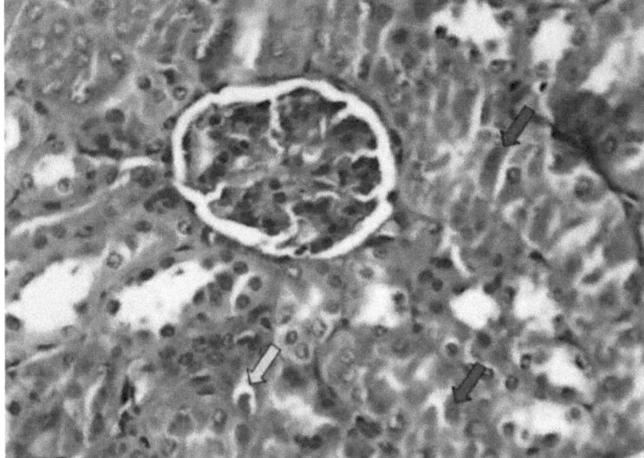

Figura (4-18): Secção histopatológica de rim de ratinho tratado com 800 ppb de FB1 mostrando alterações degenerativas e apoptóticas das células tubulares epiteliais renais (X400; H&E). **Seta amarela:** alterações degenerativas, seta **vermelha:** alterações apoptóticas dos túbulos epiteliais renais

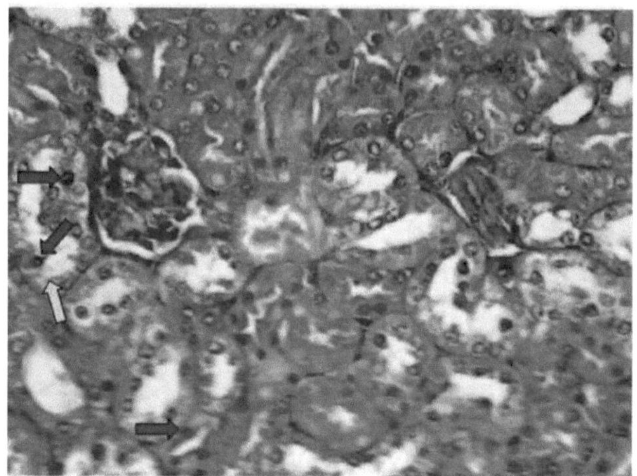

Figura (4-19): Secção histopatológica de rim de rato tratado com 1200 ppb de FB1 mostrando alterações degenerativas ligeiras das células tubulares epiteliais renais com células apoptóticas (X400; H&E). **Seta vermelha:** células apoptóticas, seta **amarela:** células degenerativas.

Capítulo 5

Discussão

Os resultados indicaram a predominância de dois géneros (*Aspergillus* e *Fusarium*) nos grãos de milho, como se pode ver na tabela (4-1). Este resultado também é observado por outros estudos (Saleem *et al.*, 2012; Mahmoud *et al.*, 2013; Hassan *et al.*, 2014).

Aspergillus e *Fusarium* são os principais fungos micotoxigénicos e componentes comuns da micoflora que pertencem a algumas espécies associadas a muitas culturas, especialmente o milho (Palumbo *et al.*, 2008). Estes dois géneros são capazes de produzir vários tipos de toxinas que foram relatadas como sendo carcinogénicas, teratogénicas, hepatotóxicas, nefrotóxicas, neurotóxicas, mutagénicas, imunossupressoras, tremorgénicas e hemorrágicas (Anonymous, 1993; OMS, 2002a, b; Stockmann-Juvala e Savolainen, 2008; Hashem *et al.*, 2012).

O estudo mostrou que *F. verticillioides* foi o predominante entre *Fusarium* spp. de acordo com a morfologia da colónia e a aparência microscópica (Tabela 4-2). Esta observação é semelhante a estudos anteriores realizados por (Miller, 2001; Tancic *et al.*, 2012; Stumpf *et al.*, 2013).

O estudo também revelou que o meio MGA é um bom meio seletivo para o isolamento de *Fusarium* spp. do que o meio PDA, porque não permite o desenvolvimento de colónias que pertencem a outros géneros de fungos. O MGA é simples de preparar e menos perigoso do que outros meios selectivos para *Fusarium* que contêm pentacloronitrobenzeno (PCNB). É também adequado para o isolamento e a contagem de *Fusarium* spp. (Castell'a *et al.*, 1997).

A vantagem da utilização dos meios CLA e SNA neste trabalho é a manutenção da consistência dos conídios em termos de tamanho e forma em comparação com outros meios como o PSA. Além disso, a utilização de CLA e SNA estimula os isolados *de Fusarium* a produzir mais cadeias de microconídios e mais longas. Além disso, as cadeias são mais fáceis de ver devido à menor humidade na superfície do ágar e, consequentemente, menos gotículas no micélio aéreo (Leslie e Summerell, 2006).

O presente estudo mostrou diferenças significativas entre a identificação tradicional e a molecular, como se pode ver na tabela (4-3). Todos os resultados negativos da PCR utilizados para o gene *ver* foram submetidos ao gene *pro* e vice-versa, para verificar o diagnóstico morfológico. Não foi obtida nenhuma amplificação positiva com estes primers. Assim, estes isolados, sem produto de PCR para os genes *ver* e *pro*, podem pertencer a outras espécies de *Fusarium*, que têm morfologia de colónia e aspeto microscópico semelhantes aos de *F. verticillioides* e *F. proliferatum,* mas são geneticamente diferentes.

Devido à semelhança morfológica entre *F. verticillioides* e *F. proliferatum,* pode ocorrer um erro entre estas duas espécies, e a única morfologia aceite que distingue estas espécies é a presença e/ou ausência de polifialídeos (Visentin *et al.*, 2009). Além disso, o seu diagnóstico é moroso e requer uma pessoa com formação para observar as diferenças entre elas, pelo que é necessária a técnica PCR e primers específicos para cada espécie, uma vez que existem ferramentas rápidas, específicas e sensíveis que permitem um diagnóstico exato das espécies de *Fusarium* (El yazeed *et al.*, 2011). Outra grande vantagem do ensaio PCR é que apenas é necessária uma pequena quantidade de ADN genómico para confirmar a infeção no hospedeiro, que é difícil de detetar (Chandra *et al.*, 2008).

O presente estudo também observou que todos os isolados *de F. verticillioides* possuíam o gene *fum1*, enquanto este gene estava ausente no isolado de *F. proliferatum*, pelo que, de acordo com estes resultados, os isolados *de F. verticillioides* são mais predominantemente produtores de FB1toxina do que *F. proliferatum.*

Outros estudos constataram que o gene *fum1* foi amplificado em todos os isolados *de Fusarium* utilizados nos seus estudos; *F. verticillioides*, *F. proliferatum* e *F. anthophilum* (Sreenivasa *et al.*, 2008; El Yazeed *et al.*, 2011)

O género *Fusarium* é complexo, devido às numerosas espécies estreitamente relacionadas entre si, que foram completamente categorizadas com base em caraterísticas microscópicas, e porque *o F. verticillioides* e outros fungos têm a capacidade de produzir fumonisinas que causam diferentes infecções no milho e nos tecidos da planta (Grimm e Geisen, 1988). Por conseguinte, é necessária uma técnica precisa como a PCR em estudos para detetar a contaminação por espécies de *Fusarium* em cereais (Abd-Elsalam *et al.*, 2003; Patino *et al.*, 2004; Mule *et al.*, 2004a, b). Existem vários genes envolvidos na via biossintética da fumonisina que foram utilizados como alvo para ensaios de reação em cadeia da polimerase para detetar os fungos produtores de fumonisina (Bluhm *et al.*, 2004; Patino *et al.*, 2004; Wang *et al.*, 2010; Ramana *et al.*, 2011, 2012).

O gene FUM1 é um gene da policetídeo sintase (PKA), anteriormente designado FUM5, que é responsável pela produção de fumonisinas em fungos, pelo que foram concebidos iniciadores específicos para cada espécie, dependendo dos dados das sequências do gene PKA (Proctor *et al.*, 1999; Baird *et al.*, 2008). Numerosos estudos concluíram que as regiões espaçadoras intergénicas (IGS) apresentam níveis elevados de variabilidade de sequências entre as espécies do mesmo género, o que permite a diferenciação de espécies geneticamente relacionadas, pelo que as IGS são geralmente utilizadas para fins de identificação em estudos taxonómicos (Edel *et al.* 2000; Kim *et al.* 2001; Konietzny e Greiner 2003; Gonzalez-Jaen *et al.* 2004; Maheshwar e Janardhana, 2010).

A capacidade de produção de FB1 de treze isolados de *F. verticillioides* foi determinada utilizando o meio de milho patty como fermentação em estado sólido a 25°C após 28 dias de incubação. A TLC foi utilizada neste estudo para a deteção da produção de FB1 por espécies *de Fusarium*. É uma ferramenta importante em países que frequentemente produzem e exportam produtos agrícolas, porque não dispõem de equipamento dispendioso, pelo que é uma técnica relativamente simples e útil (Maheshwar e Janardhana, 2010).

A técnica ELISA foi utilizada para medir a concentração de FB1. Vários estudos concluíram que a técnica ELISA é adequada para a deteção rápida de FB1 em amostras de géneros alimentícios e alimentos para animais, porque é sensível, rápida e precisa (Barna-Vetro *et al.*, 2000; Wang *et al.*, 2011).

Todos os treze isolados de *F. verticillioides* têm a capacidade de produzir FB1 em diferentes concentrações, porque estes isolados possuem o gene *fum1* (gene PKA), que é necessário para a biossíntese de FBI (Proctor *et al.*, 1999). O elevado nível de produção de FBI pelo isolado FV1 *de F. verticillioides* foi utilizado para estudar os factores que afectam a produção de FB1.

O primeiro fator estudado neste trabalho foi o efeito de diferentes substratos (milho, arroz e trigo) quando utilizados como meios de cultura para apoiar o crescimento e estimular a produção de FB1 pelo isolado F. *verticillioides* FV1. De acordo com a análise ELISA, verificou-se que o meio de patty de milho deu uma boa produção de FB1 em comparação com os meios de patty de arroz e de trigo, esta conclusão é semelhante à de estudos anteriores (Vismer *et al.*, 2004; Bailly *et al.*, 2005), por essa razão o meio de patty de milho é o melhor meio para o rastreio de um grande número de isolados *de F. verticillioides* que produzem FB1, porque é simples, disponível e barato.

A concentração de FB1 baseia-se na origem dos isolados, como o tipo de planta hospedeira e a região geográfica. Em condições laboratoriais, os isolados de *F. verticillioides* obtidos de milho produzem mais FB1 numa cultura de milho do que os obtidos de trigo ou cevada (Visconti e Doko, 1994).

O estudo de investigação efectuado por Nelson *et al.* (1991) também demonstrou que as estirpes de *F. verticillioides* isoladas de alimentos à base de milho (16/20) apresentaram uma produtividade elevada do que as estirpes isoladas de grãos de milho painço e sorgo, que apresentaram uma produtividade baixa (4/15).

A temperatura é um dos factores importantes que afectam a produção de FB1, pelo que tem de ser optimizada; a produção de FB1 foi obtida a várias temperaturas (20, 25 e 30 °C), tendo-se verificado que a temperatura óptima para a produção de FBI pelo isolado FV1 era de 20 °C, como se pode ver na tabela (4-6), tendo o mesmo resultado sido obtido por Hinojo *et al.* (2006).

Vários estudos descobriram que a temperatura óptima para a produção de FB1 variava entre 20 e 25°C (Marin *et al.*, 2004; Bailly *et al.*, 2005; Mogensen *et al.*, 2009; Medina *et al.*, 2013). O aumento da temperatura de incubação leva à diminuição da produção de FB1 porque a temperatura pode afetar todos os eventos vitais na célula diretamente através da influência no material genético, enzimas e lípidos na membrana celular e levar à influência no crescimento fúngico, germinação, formação de metabolitos e esporulação, também a atividade dos fungos diminuiu exponencialmente quando a temperatura para o crescimento atingiu mais do que a temperatura óptima (Raghvarao *et al.*, 2003).

Do mesmo modo, o período de incubação teve um efeito na produção de FB1. A produção óptima de FB1 foi de 21 dias a 20 °C e depois diminuiu quando o período de incubação foi prolongado para 28 dias. Este resultado foi semelhante ao de Alberts *et al.*(1990), que descobriram que a produção mais elevada de FB1 ocorre no 21.º dia de incubação. Outros estudos relataram que o período de incubação para a produção de FB1 por *F. verticillioides* em culturas de milho variou entre catorze dias e cinco semanas (Vismer *et al.*, 2004; Bailly *et al.*, 2005).

A diminuição do conteúdo de FB1 após várias semanas de cultura pode dever-se tanto à diminuição dos precursores metabólicos como à clivagem enzimática das toxinas no meio de cultura (Le Bars *et al.*, 1994; Bailly *et al.*, 2005; Fodor *et al.*, 2006).

O milho infetado com *Fusarium* spp. e contaminado por diferentes toxinas fúngicas é normalmente afetado por diferentes factores, incluindo as condições ambientais e também o manuseamento pré e pós-colheita. Estes factores não se afectam diretamente, mas muitas vezes existe uma ação sinérgica. A maior concentração de nutrientes e a perda de consistência devido ao tratamento da temperatura podem permitir que os fungos colonizem facilmente o milho. Além disso, as condições de humidade durante a estação de crescimento e durante o armazenamento são um fator importante na infeção do milho por *Fusarium* spp. e na produção de micotoxinas (Fodor *et al.*, 2006; Krnjaja *et al.*, 2015).

A diminuição da produção de FB1 durante a experiência de otimização das condições pode ser devida a subculturas sucessivas que levam ao enfraquecimento do isolado FV1.

A extração da FB1 foi realizada com acetonitrilo-água (50:50). A maior importância da utilização de ACN:H_2 O para extração deve-se à menor toxicidade deste solvente em comparação com outros solventes, pelo que pode ser utilizado para administração oral a animais experimentais sem purificação adicional da FB1 (OMS, 2000; Bailly *et al.*, 2005).

As micotoxinas são classificadas em três classes: extremamente tóxicas (com dose letal inferior a 1ppm), muito tóxicas (dose letal entre 1-10ppm) e tóxicas (dose letal entre 10-100ppm) (Makun, *et al.* 2010). De acordo com esta classificação, a DL50 da FB1 obtida neste estudo situa-se no grupo dos muito tóxicos para os ratinhos utilizados neste estudo.

O efeito de uma dose única de FB1 nos restantes grupos de ratinhos que foram tratados com doses de 800 e 1200 ppb por via de gavagem, tendo os animais sido sacrificados após duas semanas de tratamento. Este estudo observou o efeito desta toxina nas enzimas hepáticas testadas e nas funções renais. Os resultados mostraram uma elevação da ALT, AST, ALP, creatinina e ureia no sangue em comparação com o grupo de controlo, e esta elevação foi um bom indicador da ocorrência de alterações histopatológicas no fígado e nos rins, tais como um aumento significativo das alterações degenerativas e das células apoptóticas. Estas conclusões são semelhantes aos resultados observados noutros estudos em ratos (Peraica *et al.*, 2008; Makun *et al.*, 2010; Abdual shahid *et al.*, 2013). Isto indica que a FB1 é hepatóxica e nefrotóxica em ratinhos. Do mesmo modo, vários estudos referiram que o aumento das enzimas hepáticas e renais indicava danos graves no fígado e nos rins. Este efeito pode estar relacionado com a biotransformação da FB1, que dá origem a vários metabolitos, que podem ligar-se covalentemente a proteínas e ao ADN, levando à alteração de processos enzimáticos, como a gliconeogénese, o ciclo de Kreb ou a síntese de ácidos gordos (Lesson *et al.*, 1995; Gbore e Egbunike, 2009; Al-Masri *et al.*, 2011).

Outros estudos referiram que a FB1 induziu lesões nos órgãos de ratos, coelhos e frangos de carne, caracterizadas por perda de células (apoptose e necrose) e proliferação (mitose), e devido a um desequilíbrio entre a perda e a substituição de células, criando condições favoráveis à carcinogénese. (Voss *et al.*, 2001; Weibling *et al.*, 2001; Shalaby e Mahmoud, 2010; Aziza *et al.*, 2010).

A toxicidade da FB1 deve-se à inibição da ceramida sintase e ao aumento da expressão do fator de necrose tumoral alfa (TNF-a), que conduzem a um aumento da apoptose, da necrose e da carcinogénese no fígado e nos rins de animais experimentais que recebem doses orais ou intraperitoneais de toxina, ou de animais expostos a alimentos contaminados com FB1 (Tolleson *et al.*, 1996; Dugyala *et al.*, 1998; Riley *et al.*, 2001). Devido a estas alterações histopatológicas, a FB1 pode ser responsável por várias doenças humanas e animais, incluindo hepatotoxicidade, nefrotoxicidade, neurotoxicidade, supressão ou estimulação imunitária, anomalias do desenvolvimento, tumores do fígado e dos rins (Voss *et al.*, 2001; Gelderblom *et al.*, 2001; Riley *et al.*, 2001; Marasas *et al.,* 2004).

Por último, as micotoxinas têm efeitos diferentes (agudos e crónicos) nos seres humanos e nos animais, dependendo das estirpes e da suscetibilidade de um animal dentro da espécie (Zain, 2011).

Conclusões

A partir dos resultados deste estudo, podemos concluir o seguinte:

1. A identificação de *F. verticillioides, F. proliferatum* e do gene FB1 através da PCR específica da espécie foi um método prático, curto, fiável e mais preciso do que os métodos tradicionais.
2. Todos os isolados de *F. verticillioides* que possuem o gene *fum1* têm a capacidade de produzir FB1 em diferentes concentrações.
3. A condição óptima para a produção de FB1 foi a utilização de cultura de milho patty com um período de incubação de 21 dias a 20°C.
4. O LD50 de FB1 em ratos machos após 24 horas foi de 1800ppb.
5. Foram observadas elevações significativas nas enzimas hepáticas (AST, ALT e ALP) e nas funções renais (creatinina, ureia no sangue) após gavagem oral de ratinhos com FB1 em concentrações de 800 e 1200 ppb em comparação com o grupo de controlo.
6. As alterações histopatológicas no fígado, nos rins e no baço de ratinhos tratados com FB1 em concentrações de 800 e 1200 ppb, em comparação com o grupo de controlo, mostraram um aumento significativo das alterações degenerativas e das células apoptóticas em comparação com o grupo de controlo.

Recomendações

1. Estudar o efeito dos factores ecofisiológicos no crescimento dos fungos e na regulação do gene biossintético da fumonisina.
2. É necessário um estudo molecular para a sequenciação e a tipagem genética das espécies de *Fusarium* toxigénicas que produzem FB1.
3. Utilização de métodos moleculares para a deteção direta da presença de FB1 em cereais e produtos derivados de cereais e para a comparação entre eles.
4. Estudar as alterações histopatológicas noutros órgãos e noutras localidades.

Referências

Abbas, H. K.; Cartwright, R. D.; Xie, W. e Shier, W. T. (2006). Contaminação por aflatoxina e fumonisina de híbridos de milho (maize, *Zea mays*) no Arkansas. Crop Prot., 25: 1-9.

Abd-Elsalam, K. A.; Aly, N. I.; Abdel-Satar, A. M.; Khalil, S. M. e Verreet, A. J. (2003). Identificação por PCR do género *Fusarium* com base em dados da sequência de ADN ribossómico nuclear. Afri. J. Biotechnol., 2(4): 82-85.

Abdual shahid, D. K.; Faraj, M. K. e Hussein, S. M. (2013). Efeitos tóxicos da fumonisina B1 em ratos e sua desintoxicação pelo extrato de sementes de repolho. Iraqi J. Canc. Medic. Gen., 6(2): 137-144.

Acharlyakul, P.P. (2000). Amostragem e determinação de aflatoxinas em milho a granel para exportação. Amer. J. Ass. Microbiol., 8 (4): 33-37.

Akande, K. E.; Abubakar, M. M.; Adegbola, T. A. e Bogoro, S. E. (2006). Implicações nutricionais e sanitárias das micotoxinas nos alimentos para animais: A review Pak. J. Nutr., 5: 398-403.

Al-Badri, D. A. K. (2013). Efeitos Teratogénicos e Tóxicos da Fumonisina B1 em Ratos e a sua Desintoxicação pelo Extrato de Semente de Couve. Tese de doutoramento, Faculdade de Medicina Veterinária/Microbiologia, Universidade de Bagdade.

Al- khazraji, R. S. S. (2007). Deteção de Fumonisina B1 em cevada pela técnica ELISA e estudo do efeito de alguns materiais na sua desintoxicação. Tese de Mestrado, Ciência Alimentar e Biotecnologia, Faculdade de Agricultura, Universidade de Bagdade.

Alberts, J. F.; Gelderblom, W. C.; Thiel, P. G.; Marasas, W. F.; Van Schalkwyk, D. J. e Behrend, Y. (1990). Efeitos da temperatura e do período de incubação na produção de fumonisina B1 por *F. moniliforme*. Applied and Environmental Microbiology, 56(6): 1729-1733.

Alberts, J. F.; Gelderblom, W. C. A.; Marasas, W. F. O. e Rheeder, J. P. (1994). Avaliação de meios líquidos para a produção de fumonisinas por *Fusarium moniliforme* MRC 826. Mycotoxin Res., 10: 107-115.

Alizadeh, A. M.; Rohandel, G.; Mohammadi, S. R. ; Roudbary, M.; Sohanaki, H.; Ghiasian, S. A. ; Taherkhani, A.; Semnani, S. e Aghasi, M. (2012). Contaminação de cereais com fumonisina e risco de cancro do esófago no Irão. Pacífico Asiático. J. Cancer Prev., 13: 2625-2628.

Al-Masri, S. A.; El-Safty, S. M.; Nada, S. A. e Amra, H. A. (2011). *Saccharomyces cerevisiae* e bactérias probióticas potencialmente inibem a produção de fumonisina B1 *in vitro* e *in vivo*. J. Am. Sci., 7(1): 198-205.

Alptekin, Y.; Duman, A. D. e Akkaya, M. R. (2009). Identificação do género fúngico e deteção do nível de aflatoxina em grãos de milho de segunda colheita. J. Anim. Vet. Adv., 8 (9): 1777-1779.

Al-Zobaidy, H. N. (2010). Deteção de fungos e fumonisina B1 no arroz local e avaliação de alguns métodos de desintoxicação. Waist J. for Sci. and Medicine, 3: 92-101.

Anónimo. (1993). Monografia sobre a avaliação dos riscos cancerígenos para os seres humanos, algumas substâncias que ocorrem naturalmente: produtos e componentes alimentares, aminas aromáticas heterocíclicas e micotoxinas. Lyon, França, 56: 489-521.

Antonissen, G.; Martel, A.; Pasmans, F.; Ducatelle, R.; Verbrugghe, E.; Vandenbroucke, V.; Li, S.; Haesebrouck, F.; Van Immerseel, F. e Croubels, S. (2014). O impacto das micotoxinas *de Fusarium* na suscetibilidade do hospedeiro humano e animal a doenças infecciosas. Toxins, 6:430-452.

Aziza, M. H.; Sherif, R. M.; Aziza, A. E.; Nabila, S. H. e Mosaad, A. A. (2010). O extrato de *Aquilegia vulgaris* L. neutraliza o stress oxidativo e a citotoxicidade da

fumonisina em ratos. Toxicon, 56: 8-18.
Backhouse, D.; Abubakar, A.; Burgess, L.; Dennis, J. I.; Hollaway, G. J. (2004) Survey of *Fusarium* species associated with crown rot of wheat and barley in eastern Australia. Australasian Plant Path, 33(2): 255-261.
Bacon, C. W.; Glenn; A. E. e Yates, I. E. (2008). *Fusarium verticillioides*: Gerir a associação endofítica com o milho para reduzir a acumulação de fumonisinas. Toxin Rev., 27: 411-446.
Bailly, J.D.; Querin, A.; Tardieu, D. e Guerre, P. (2005). Produção e purificação de fumonisinas a partir de uma estirpe altamente toxigénica *de Fusarium verticilloides*. Revue de Medecine Veterinaire, 156(11): 547-554.
Baird, R.; Abbas, H. K.; Windham, G.; Williams, P.; Baird, S.; Ma, P. e Scruggs, M. (2008). Identificação de espécies selecionadas *de Fusarium* formadoras de fumonisina utilizando aplicações de PCR do gene da policetídeo sintase e a sua relação com a produção de fumonisina *invitro*. Revista internacional de medicina molecular ciências, 9(4):554-570.
Barna-Vetro, I.; Szabo, E.; Fazekas, B. e Solti, L. (2000). Desenvolvimento de um ELISA sensível para a determinação de fumonisina B1 em cereais. Journal of Agricultural and Food Chemistry, 48(7): 2821-2825.
Barnett, H. L. e Barry B. H. (1998). Illustrated Genera of Imperfect Fungi (Géneros Ilustrados de Fungos Imperfeitos). 4th ed., The American Phytopathological Society. St. Paul, Minnesota.
Baron, E. J.; Peterson, L. R. e Finegold, S. M. (1994). "Baily&Scotts" Diagnostic Microbiology. 9th ed. Von Hoffmann press, Inc. USA.
Bennett, J. W. e Klich, M. (2003). Mycotoxins. Clin. Microbio. Rev., 16: 497-516.
Bezuidenhout, S. C.; Gelderblom, W. C. A.; Gorst-Allman, C. P.; Horak R. M.; Marasas, W. F. O.; Spiteller, G. e Vleggaar, R. (1988). Elucidação da estrutura das fumonisinas, micotoxinas de *Fusarium moniliforme*, J. Chem. Soc., Chem. Commun., 11: 743-745.
Binder, E. M.; Tan, L. M.; Chin, L. J; Handl, J. e Richard, J. (2007). Worldwide occurrence of mycotoxins in commodities feed and feed ingredients. Animal Feed Sci. and Technol., 137: 265-282.
Bluhm, B. M.; Cousin, M. A. e Woloshuk, C. P. (2004). Deteção por PCR multiplex em tempo real de grupos de espécies *de Fusarium* produtoras de fumonisina e tricoteceno. J. Food Prot., 3(3): 536-543.
Bondy, G. S; Suzuki, C. A. M.; Fernie, S. M; Armstrong, C. L.; Hierlihy, S. L.; Savard, M. E. e Barker, M. G. (1997).Toxicidade da fumonisina B1 em ratinhos B6C3F1: um estudo de gavagem de 14 dias. Food Chem. Toxicol., 35: 981-989.
Bondy, G. S. e Pestka, J. J. (2000). Imunomodulação por toxinas fúngicas. J. Toxicol. Env. Heal. B., 3: 109-143.
Booth, C. (1977). *Fusarium*: Laboratory guide to the identification of major species. Kew, Inglaterra: Instituto Micológico da Riqueza Comum, 43: 65-68.
Bottalico, A. (1997). Espécies *de Fusarium* toxigénicas e suas micotoxinas em cereais pré-colheita na Europa. Boletim do Instituto de Ciências Agrícolas Gerais da Universidade de Kinki, Nara, Japão, 5: 47-62.
Bottalico, A. (1998). *Fusarium* diseases of cereals: species complex and related mycotoxin profiles, in Europe. Journal of Plant Pathology, 80(2): 85-103.
Bouhet, S. e Oswald, I. P. (2007). O intestino como um possível alvo para a toxicidade da fumonisina. Mol. Nutr. Food Res., 51: 925-931.
Boutigny, A. L.; Ward, T. J.; Van Coller, G. J.; Flett, B. e Lamprecht, S. C. (2011). A análise do complexo de espécies de *Fusarium graminearum* do trigo, cevada e milho na África do Sul fornece provas de diferenças específicas de espécies na preferência do hospedeiro. Fungal Genet. Biol., 48(9): 914-920.

Branham, B. E. e Plattner, R. D. (1993). A alanina é um precursor na biossíntese de fumonisina B1 por *Fusarium moniliforme*. Mycopathologia, 124:99-104.
Burgess, L. W.; Liddell, C. M. e Summerell, B. A. (1988). Laboratory manual for *Fusarium* research. 2nd ed., Universidade de Sydney, Sydney, Austrália.
CAST, Conselho para a Ciência e Tecnologia Agrícolas. (2003). Mycotoxins: Risks in Plant, Animal and Human Systems. Relatório da Task Force, n.º 139, CAST, Ames, Iowa, EUA.
Castella, G.; Bragulat, M. R.; Rubiales, M. V. e Cabanes, F. J. (1997). Ágar verde malaquita, um novo meio seletivo para *Fusarium*. Mycopathologia, 137: 173178.
Cavaliere, C; Ascenzo, G. D.; Foglia, P.; Pastorini, E.; Samperi, R e Lagana, A. (2005). Determinação de tricotecenos do tipo B e micotoxinas de lactona macrocíclica em milho contaminado no campo. Food Chem, 92: 559-568.
Cawood, M. E.; Gelderblom, W. C. A.; Vleggaar, R.; Beh, Y.; Thiel, P. G. e Marasas, W. F. O. (1991). Isolamento das micotoxinas de fumonisina: Uma abordagem quantitativa. J. Agric. Food Chem., 39: 1958-1962.
Chandra, S. N.; Shankar, A. C. U.; Niranjana, S. R. e Prakash, H. S. (2008). Deteção e caraterização molecular de *Fusarium verticillioides* em milho (*Zea mays*. L) cultivado no sul da Índia. Annals of Microbiology, 58(3): 359367.
Chandra, S. N.; Shankar, A. C. U.; Niranjana, S. R.; Wulff, E. G.; Mortensen, C. N. e Prakash, H. S. (2010). Deteção e quantificação de fumonisinas de *Fusarium verticillioides* em milho cultivado no sul da Índia.World J. Microbiol. Biotech, 26: 71-78.
Choi, Y. W.; Hyde, K. D. e HO,W. H.(1999). Isolamento de esporos únicos de fungos. Fungal Diversity, 3:29-38.
Chu, F. S. e Li, G. Y. (1994). Ocorrência simultânea de fumonisina B1 e outras micotoxinas em milho mofado colhido na República Popular da China em regiões com elevada incidência de cancro do esófago. Applied Environmental Microbiology, 60: 847-852.
Cigic, I. K. e Prosen, H. (2009). Uma visão geral dos métodos analíticos convencionais e emergentes para a determinação de micotoxinas. Int. J. Mol. Sci., 10:62-115.
Collee , J. G. ; Fraser , A. G.; Marmion , B. P. e Simmons, A. (1996). Pactical medical microbiology. 14th ed., Churchill living stone, EUA.
Colvin, B. M.; Cooley, A. J. e Beaver, R. W. (1993). Toxicose por fumonisina em suínos: achados clínicos e patológicos. J. Vet. Diagn. Invest., 5:232-241.
Corrier, D. (1991). Micotoxicoses: Mechanisms of immunosuppression. Vet. Immunol. Immun., 30:73-87.
Creppy, E. E. (2002). Atualização da investigação, regulamentação e efeitos tóxicos das micotoxinas na Europa. Toxicol Lett., 127:19-28.
Davis, R. M.; Kegel, F. R.; Sills, W. M.; Farrai, J. J.; Archibald, S. O.; Winter, C. K. e Farrell, K. R. (1989). *Fusarium* ear rot of corn. Cal. Agricul., 43 (6): 1-5.
Desjardins, A. E.; Plattner R. D. e Nelson, P. E. (1994). Produção de fumonisina e outras caraterísticas de *Fusarium moniliforme* de milho no nordeste do México. Applied and Environmental Microbiology, 60: 1695-1697.
Dilkin, P.; Mallmann, C. A.; De Almeida, C. A. A.; Stefanon, E. B.; Fontana, F. Z. e Milbradt, E. L. (2002). Produção de fumonisinas por cepas de *Fusarium moniliforme* em função da temperatura, umidade e período de crescimento. Braz. J. Microbiol., 33:111-118.
Domija, A. M.; Peraica, M.; Jurjevic, Z.; Ivic, D. e Cvjetkovic, B. (2005). Contaminação do milho com fumonisina B1, fumonisina B2, zeralenona e ocratoxina A na Croácia. Food Add & Contamin, 22: 677-680.
Domijan, A. M. (2012). Neurotoxicidade da fumonisina B1. Arh. Hig. Rada. Toksikol., 63:531-544.

Domsch, K. H.; Gams, W. e Anderson, T. (2007). Compêndio de fungos do solo. Londres: Academic Press.
Dugyala, R. R.; Sharma, R. P.; Tsunoda, M. e Riley, R. T. (1998). Tumor necrosis fator-a as a contributor in fumonisin B1 toxicity. Journal of Pharmacology and Experimental Therapeutics, 285(1): 317-324.
Dupuy, J.; Bars, P. L.; Boudra, H. e Bars, J. L. (1993). Termoestabilidade da fumonisina B1, uma micotoxina de *Fusarium moniliforme*, no milho. Appl. Environ. Microbiol, 59:2864-2867.
Dutton, M. F. (2009). A doença africana *Fusarium/milho*. Mycotoxin Res., 25:2939.
Edel, V.; Steinberg, C.; Gautheron, N. e Alabouvette, C. (2000). Sonda de oligonucleótidos orientada para o ADN ribossómico e ensaio PCR específico para *Fusarium oxysporum*. Mycological Research, 104(5): 518-526.
El yazeed, H. A.; Hassan, A.; Moghaieb, R. E. A.; Hamed, M. e Refai, M. (2011). Deteção molecular de espécies *de Fusarium* produtoras de fumonisina em alimentos para animais utilizando a reação em cadeia da polimerase (PCR). J. Appl. Scien. Reas., 7(4): 420-427.
Enongene, E. N.; Sharma, R. P.; Bhandari, N.; Voss, K. A. e Riley, R. T. (2000). Perturbação do metabolismo dos shingolípidos no intestino delgado, no fígado e nos rins de ratinhos tratados por via subcutânea com fumonisina B1. Food Chem. Toxicol., 38: 793-799.
Fernandez, M. R.; Pearse, P. G.; Holzgang, G. e Hughes, G. (2000). *Fusarium* head blight in common and durum wheat in Saskatchewan in 1999. Can. Plant Dis. Surv., 80: 57-59.
Fincham, J. E.; Marasas, W. F. O.; Taljaard, J. J. F.; Kriek, N. P. J.; Badenhorst, C. J.; Gelderblom, W. C. A.; Seier, J. V.; Smuts, C. M.; Faber, M.; Weight, M. J.; Slazus, W.; Woodroof, C. W.; Van Wyk, M. J.; Kruger, M. e Thiel, P. G. (1992). A therogenic effects in a non-human primate of *Fusarium moniliforme* cultures added to a carbohydrate diet. Atherosclerosis, 94: 13-25.
Fodor, J.; Nemeth, M.; Kametler, L.; Posa, R.; Kovacs, M. e Horn, P. (2006). Novos métodos de produção de toxinas *de Fusarium* para experiências toxicológicas. Ata Agraria Kaposvariensis, 10(2): 277-284.
Frazier, W. C. (1985). "Food Microbiology". Hill Book Co. Nova Iorque. EUA, pp. 98122.
Galvano, F.; Russo, A.; Cardile, V.; Galvano, G.; Vanella, A. e Renis, M. (2002). Danos ao DNA em fibroblastos humanos expostos à fumonisina B1. Food Chem. Toxicol., 40: 25-31.
Gbore, F. A. e Egbunike, G. N. (2009). Avaliação toxicológica da fumonisina B1 na dieta sobre a bioquímica sérica de suínos em crescimento. Jornal da Agricultura da Europa Central, 10(3): 255-262.
Geiser, D. M.; Jimenez-Gasco, M.; Kang, S.; Makalowska, I.; Veeraraghavan, N.; Ward, T. J.; Zhang, N.; Kuldau, G. A. e O'Donnell, K. (2004). FUSARIUM-ID v. 1.0: Uma base de dados de sequências de ADN para identificação de *Fusarium*. Eur. J. Plant Pathol, 110: 473-479.
Gelderblom, W. C. A.; Kriek, N. P. J.; Marasas, W. F. O. e Thiel, P. G. (1991). Toxicidade e carcinogenicidade do metabolito *de Fusarium moniliforme*, fumonisina B1 em ratos. Carcinogenesis, (12): 1247-1251.
Gelderblom, W. C. A; Abel, S,; Smuts, C. M.; Marnewick, J.; Marasas, W. F. O; Lemmer, E. R. e Ramljak, D. (2001). Hepatocarcinogénese induzida pela fumonisina: Mecanismos relacionados com a iniciação e promoção do cancro. Environ. Health Perspect, 109:291-300.
Gelineau-van Waes, J.; Starr, L.; Maddox, J.; Aleman, F.; Voss, K. A.; Wilberding, J. e Riley, R. T. (2005). Exposição materna à fumonisina e risco de defeitos do tubo neural:

Mechanisms in an *in vivo* mouse model. Birth Defects Research A: Clin. Mol. Teratol, 73: 487-497.
Gerlach, W. e Nirenberg, H. (1982). O género *Fusarium* - Um atlas pictórico. Mitteilungen aus der Biologischen Bundesanstalt Für Land- und Forstwirtschaft (Berlim - Dahlem), 209: 1-405.
Gheorghe, A.; Jecu, L.; Voicu, A.; Popea, F.; Rosu, A. e Roseanu, A. (2008). Controlo biológico de microrganismos fitopatogénicos com bactérias antagonistas. Chem. Engineering Transactions, 14: 509-516.
Goel, S.; Schumacher, J.; Lenz, S. D. e Kemppainen, B. W. (1996). Effects of *Fusarium moniliforme* isolates on tissue and serum sphingolipid concentrations in horses. Vet. Hum. Toxicol., 38 (4) :265-270.
González-Jaén, M. T.; Mirete, S.; Patino, B.; Lopez-Errasquín, E. e Vázquez, C. (2004). Marcadores genéticos para a análise da variabilidade e para a produção de sequências de diagnóstico específicas em estirpes de *F. verticillioides* produtoras de fumonisina. European Journal of Plant Pathology, 110: 525-532.
Grimm, C. e Geisen, R. A. (1988). PCR-ELISA para a deteção de espécies *de Fusarium* potencialmente produtoras de fumonisina. Lett. Appl. Microbiol., 26(1): 456462.
Gumprecht, L. A.; Beasley, V. R.; Weigel, R. M.; Parker, H. M.; Tumbleson, M. E.; Bacon, C. W.; Meredith, F. I. e Haschek W. M. (1998). Desenvolvimento de hepatotoxicidade induzida por fumonisina e edema pulmonar em suínos com dosagem oral: alterações morfológicas e bioquímicas. Toxicol. Path, 26: 777788.
Hadiani, M. R.; Yazdanpanah, H.; Ghazi-Khansari, M.; Cheraghali, A. M. e Goodarzi, M. (2003). Estudo da ocorrência natural de zearalenona no milho do norte do Irão por densitometria de cromatografia em camada fina. Food Addit. Contam., 20: 380-385.
Harrison, L. R.; Colvin, B. M.; Greene, J. T.; Newman, L. E. e Cole, J. R. (1990). Edema pulmonar e hidrotórax em suínos produzidos por fumonisina B1, um metabolito tóxico de *Fusarium moniliforme*. J. Vet. Diagn. Invest., 2: 217-221.
Haschek, W. M.; Motelin, G.; Ness, D. K.; Harlin, K. S.; Hall, W. F.; Vesonder, R. F.; Peterson, R. E. e Beasley, V. R. (1992). Caracterização da toxicidade da fumonisina em suínos com doses orais e intravenosas. Mycopathologia, 117: 8396.
Haschek, W. M.; Gumprecht, L. A.; Smith, G.; Tumbleson, M. E. e Constable, P. D. (2001). Fumonisin toxicosis in swine: an overview of porcine pulmonary edema and current perspectives. Environmental Health Perspectives, 109 (2): 251-257.
Hashem, A.; Abd-Allah, E. F. e Alwathnani, H. A. (2012). Efeito da própolis no crescimento, produção de aflatoxinas e metabolismo lipídico em *Aspergillus parasiticus* spear. Pak. J. Bot., 44(3): 1153-1158.
Hassan, F. F. ; Al- Jibouri , M. H. e Hashim, A. J. (2014). Isolamento e Identificação da Propagação Fúngica em Milho Armazenado e deteção de aflatoxina B1 Utilizando TLC e Técnica ELISA. Iraqi Journal of Science, 55(2B): 634-642.
Hawksworth, D. L; Sutton, B. C. e Ainsworth G. C. (1983). Ainsworth and Bisby's dictionary of the fungi, 7th ed. Instituto de Micologia da Riqueza Comum, Kew, Surrey, Inglaterra.
Healy, M.; Reece, K.; Walton, D.; Huong, J.; Frye, S. ; Raad, I. I. e Kontoyiannis, D. P. (2005). Utilização do sistema Diverse Lab para a diferenciação de espécies e estirpes de isolados de espécies de *Fusarium*. J. Clin. Microbiol, 43: 5278-5280.
Hemed, A. A. (1998). Contaminação do milho com fumonisina B1 de *F. moniliforme* (Sheldon). Tese de Mestrado, Faculdade de Agricultura, Universidade de Bagdade.
Hemed, A. A. (2012). A eficiência de *Bacillus subtilis* e alguns extractos de plantas na redução da contaminação de sementes de milho por fumonisina B1. Tese de doutoramento, Faculdade de Agricultura, Universidade de Bagdade.
Hinojo, M. J.; Medina, A.; Valle-Algarra, F. M.; Gimeno-Adelantado, J. V.; Jimenez, M. e Mateo, R. (2006). Produção de fumonisina em culturas de arroz de *Fusarium*

verticillioides em diferentes condições de incubação utilizando um método analítico optimizado. Microbiologia alimentar, 23(2): 119-127.
Holcomb, M. J.; Thomson, H. C. e Hankins, L. J. (1993). Análise da fumonisina B1 em alimentos para roedores por HPLC de eluição gradiente utilizando derivatização pré-coluna com FMOC e deteção de fluorescência. J. Agric. Food Chem., 41:764-767.
Howard, P. C.; Eppley, R. M.; Stack, M. E.; Warbritton, A.; Voss, K. A.; Lorentzen, R. J.; Kovach, R. M. e Bucci, T. J. (2001). Fumonisin B1 carcinogenicity in a two-year feeding study using F344 rats and B6C3F1 mice. Environ. Health Persp., 109 (2): 277-282.
Howard, D. H. (2003). Pathogenic Fungi in Humans and Animals (Fungos Patogénicos em Humanos e Animais). 2nd ed., Marcel Dekker. CRC Press.
Huang, C.; Dieckeman, M.; Henderson, G. e Jones, C. (1995). Repressão da proteína quinase C e estimulação dos elementos de resposta do AMP cíclico pelas fumonisinas, uma toxina codificada por fungos que é cancerígena. Cancer Res., 55:1655-1659.
Huffman, J.; Gerber, R. e Du, L. (2010). Avanços recentes no mecanismo biossintético das micotoxinas derivadas de policetídeos. Biopolímeros, 93: 764-776.
IARC, Agência Internacional de Investigação do Cancro. (1993). Toxinas derivadas de *Fusarium moniliforme*: fumonisinas B1 e B2 e fusarina C. IARC Monogr. Eval. Carcinog. Risk Hum., 56:445-466.
IARC, Agência Internacional de Investigação do Cancro. (2002). Fumonisina B1, alguns medicamentos tradicionais à base de plantas, algumas micotoxinas, naftaleno e estireno. IARC Monogr. Eval. Carcinog. Risk Hum., 82: 275-366.
Iheshiulor, O. O. M.; Esonu, B. O.; Chuwuka, O. K.; Omede, A. A.; Okoli I. C. e Ogbuewu, I. P. (2011). Efeitos das micotoxinas na nutrição animal: A review. Asian J. Anim. Sci., 5: 19-33.
Jackson, M. A. e Bennett, G. A. (1990). Produção de fumonisina B1 por *Fusarium moniliforme* NRRL 13616 em cultura submersa. Appl. Environ. Microbiol. 56: 2296-2298.
Janardhana, G. R.; Raveesha, K. A. e Shetty, H. S. (1999). Contaminação por micotoxinas do milho cultivado em Karnataka (Índia). Food and Chem. Toxicol., 37: 863-868.
Jaskiewicz, K.; Van Rensberg, S. J.; Marasas, W. F. O. e Gelderblom, W. C. A. (1987). Carcinogenicidade do material de cultura de *Fusarium moniliforme* em ratos. Jornal do Instituto Nacional do Cancro, 78: 321-325.
Jurado, M. P.; Mary'n, C.; Callejas, A.; Moretti, C.; Va'zquez, M. T. e Gonza' l. J. (2010). Variabilidade genética e produção de fumonisina por *Fusarium proliferatum*. Food Microbiology, 27: 50-57.
Kedera, C. J.; Leslie, J. F. e Claflin, L. E. (1992). Infeção sistémica do milho por *Fusarium moniliforme*. Phytopathology, 82:1138-1143.
Keller, S. E.; Sullivan, T. M. e Chirtel, S. (1997). Factores que afectam o crescimento de *Fusarium proliferatum* e a produção de fumonisina B1: oxigénio e pH. J. Ind. Micro. Biotech, 19:305-309.
Kim, H. J.; Choi, Y. K. e Min, B. R. (2001). Variação da região do espaçador intergénico (IGS) do ADN ribossómico entre *Fusarium oxysporum* formae speciales. The Journal of Microbiology, 39(4): 265-272.
Konietzny, U. e Greiner, R. (2003). A aplicação da PCR na deteção de fungos micotoxigénicos em alimentos. Revista Brasileira de Microbiologia, 34: 283300.
Kouadio, J. H.; Mobio, T. A.; Baudrimont, I.; Moukha, S.; Dano, S. D. e Creppy, E. E. (2005). Estudo comparativo da citotoxicidade e do stress oxidativo induzidos pelo desoxinivalenol, zearalenona ou fumonisina B1 na linha celular intestinal humana Caco-2. Toxicologia, 213: 56-65.
Krnjaja, V.; Levic, J.; Tomic, Z. e Stankovic, S. (2006). A participação de espécies *de*

Fusarium potencialmente toxigénicas em micopopulações isoladas de grãos de milho. J. Mount. Agr. Balkans, 9 (4): 532-541.
Krnjaja, V.; Levic, J.; Tomic, Z.; Nesic, Z.; Stojanovic, L. J. e Trenkovski, S. (2007). Dinâmica da incidência e frequência de populações de espécies de *Fusarium* em grãos de milho armazenados. Biotehnol. Anim. Husbandry, 23: 589-600.
Krnjaja, V.; Levic, J.; Stankovic, S. e Bijelic, Z. (2011). Ocorrência de espécies de *Fusarium* em grãos de milho para silagem. Biotechnol. Anim. Husbandry, 27 (3): 1235-1240.
Krnjaja, V.; Lukic, M.; Delic, N.; Tomic, Z.; Mandic, V.; Bijelic, Z. e Gogic, M. (2015). Mycobiota e micotoxinas em milho recém-colhido e armazenado. Biotech. Anim. Husbandry, 31 (2): 291-302.
Krska, R.; Baumgartner, S. e Josephs, R. (2000). O estado da arte na análise de micotoxinas tricotecénicas do tipo A e B em cereais. Fresenius J. Anal. Chem., 371: 285-299.
Krska, R. e Josephs, R. (2001). O estado da arte na análise de micotoxinas estrogénicas em cereais. Fresenius J. Anal. Chem., 369: 469-476.
Kruger, M.; Langenhoven, M. e Faber, M. (1991). Tabelas de composição de ácidos gordos e aminoácidos: Suplemento à tabela de composição alimentar do MRC. Conselho de Investigação Médica da África do Sul, Tygerberg, África do Sul.
Kumar, V.; Basu, M. S. e Rajendran, T. P. (2008). Pesquisa de micotoxinas e microflora em alguns produtos agrícolas comercialmente importantes. Crop Protection, 27: 891-905.
Le Bars, J.; Le Bars, P.; Dupuy, J. e Boudra, H. (1994). Factores bióticos e abióticos na produção e estabilidade da fumonisina B1. J. Assoc. Off. Anal. Chem. Int., 77: 517-521.
Leslie, J. F. e Summerell, B. A. (2006). The *Fusarium* laboratory manual 1st ed. Ames, Iowa: Blackwell Publishing, EUA.
Lesson, S.; Diaz, G. e Summers, J. (Eds.) (1995). Poultry Metabolic Disorders and Mycotoxins (Distúrbios Metabólicos das Aves e Micotoxinas). University Books, Montreal Canadá, pp: 249-298.
Lin, L.; Zhang, J.; Wang, P.; Wang, Y. e Chen, J. (1998). TLC of mycotoxins and comparison with others chromatographic methods, J. Chromatogr. A., 815: 320.
Logrieco, A.; Doko, B.; Moretti, A.; Frisullo, S. e Visconti, A. (1998). Ocorrência de fumonisina B1 e B2 em plantas de espargos infectadas com *Fusarium proliferatum*. J. Agric. Food Chem., 46: 5201-5204.
Logrieco, A.; Bottalico, A.; Mule, G.; Moretti, A. e Perrone, G. (2003). Epidemiologia de fungos toxigénicos e micotoxinas associadas em algumas culturas mediterrânicas. Eur. J. Plant Pathol, 109: 645-667.
Lorenzo Covarelli, A.; Giovanni Beccari, A.; Antonio Prodi, B.; Silvia Generotti, C.; Federico Etruschi, A. C.; Cristina Juan, C.; Ferrerc, E. e Manesc, J. (2014). Espécies *de Fusarium*, caraterização de quimiotipos e tricoteceno contaminação do trigo duro e do trigo mole numa zona do centro de Itália. J. Science of Food and Agriculture, 95: 540-551.
Luna, L. G. (1968). Manual of Histologic Staining Methods of the Armed Forces Institute of Pathology. 3rd ed., Nova Iorque, EUA, McGraw-Hill Book Company, pp: 38-76 e 222-223.
Magan, N. e Aldred, D. (2007). Estratégias de controlo pós-colheita: Minimizando as micotoxinas na cadeia alimentar. Int. J. Food Microbiol, 119: 131-139.
Maheshwar, P. K. e Janardhana, G. R. (2010). Ocorrência natural de *Fusarium proliferatum* toxigénico em arroz (*Oryza sativa* L.) em Karnataka, Índia. Tropical life sciences research, 21(1): 1-10.
Mahmoud, M. A.; Al-Othman, M. R. e Abd El-Aziz, A. R. (2013). Fungos micotoxigénicos que contaminam grãos de milho e sorgo na Arábia Saudita. Pak. J.

Bot., 4: 1831-1839.
Makun, H. A.; Gbodi, T. A.; Akanya, H. O., Salako, A. E.; Ogbadu, G. H. e Tifin, U.I. (2010). Toxicidade aguda e teor total de fumonisina do material de cultura de *Fusarium verticillioides* nirenberg (CABI-IMI 392668) isolado de arroz na Nigéria, Agric. Biol. J. N. Am., 1: 103-112.
Mallmann, C. A.; Santurio, J. M.; Almeida, C. A. e Dilkin, P. (2001). Níveis de fumonisina B1 em cereais e rações do Sul do Brasil. Arq. Inst. Biol., 68:4145.
Marasas, W. F. O.; Kriek, N. P. J.; Wiggins, V. M.; Steyn, P. S.; Towers, D. K. e Hastie, T. J. (1979). Incidência, distribuição geográfica e toxigenicidade de espécies de *Fusarium* no milho sul-africano. Phytopathology, 69: 1181-1185.
Marasas, W. F. O.; Wehner, F. C.; Van Rensburg, S. J. e Van Schalkwyk, D. J. (1981). Mycoflora of corn produced in human esophageal cancer areas in Transkei, southern Africa. Phytopathology, 71: 792-796.
Marasas, W. F. O.; Jaskiewicz, K.; Venter, F. S. e Van Schalkwyk, D. J. (1988). Contaminação do milho por *Fusarium moniliforme* em zonas de cancro do esófago em Transkei. S. Afr. Med. J., 74:110-114.
Marasas, W. F. O. (2001). Descoberta e ocorrência das fumonisinas: uma perspetiva histórica. Environ. Health Perspect, 109: 239-243.
Marasas, W. F.; Riley, R. T.; Hendricks, K. A.; Stevens, V. L.; Sadler, T. W.; Gelineau-van Waes, J. e Merrill, A. H. (2004). As fumonisinas perturbam o metabolismo dos esfingolípidos, o transporte de folato e o desenvolvimento do tubo neural em cultura de embriões e *in vivo*: um potencial fator de risco para defeitos do tubo neural humano nas populações que consomem milho contaminado com fumonisinas. The Journal of nutrition, 134(4): 711-716.
Maresca, M. (2013). Do intestino para o cérebro: Viagem e efeitos fisiopatológicos da micotoxina tricoteceno deoxinivalenol associada a alimentos. Toxinas, 5: 784-820.
Marin, S.; Magan, N.; Belli, A.; Ramos, A. J.; Canela, R. e Sanchis, V. (1999). Perfis bidimensionais da produção de fumonisina B1 por *Fusarium moniliforme* e *Fusarium proliferatum* em relação a factores ambientais e potencial para modelar a formação de toxinas em grãos de milho. Int. J. Food Micro, 51: 159-167.
Marin, S.; Magan, N.; Ramos, A. J. e Sanchis, V. (2004). Estirpes de *Fusarium* produtoras de fumonisina: uma revisão da sua ecofisiologia. J. Food Protect, 67: 1792-1805.
Marin, S.; Ramos, A.J.; Vazquez, C. e Sanchis, V. (2007). Contaminação de pinhões por fumonisina produzida por estirpes de *Fusarium proliferatum* isoladas de Pinus pinea. Lett. Appl. Micro, 44: 68-72.
Marin, S.; Ramos, A. J.; Cano-Sancho, G. e Sanchis, V. (2013). Micotoxinas: ocorrência, toxicologia e avaliação da exposição. Food and Chemical Toxicology, 60: 218-237.
Martins, M. L.; Martins, H. M. e Bernardo, F. (2001). Fumonisinas B1 e B2 em chá preto e plantas medicinais. J. Food Prot., 64:1268-1270.
Matny, O. N. (2015). *Fusarium* Head Blight e Crown Rot em trigo e cevada: Perdas e riscos para a saúde. Adv. Plants Agric. Res., 2(1):1-6.
Medina, A.; Schmidt-Heydt, M.; Ca'rdenas-Cha'vez, D. L.; Parra, R. Geisen, R. e Magan, N. (2013). Integração da expressão do gene da toxina, crescimento e produção de fumonisina B1 e B2 por uma cepa de *Fusarium verticillioides* sob diferentes fatores ambientais. J. R. Soc. Interface, 10: 1-12.
Meredith, F. I.; Torres, O. R.; Saenz de Tejada, S.; Riley, R. T. e Merrill, A. H. (1999). Níveis de fumonisina B1 e fumonisina B1 hidrolisada em milho nixtamalizado (*Zea mays L.*) e tortilhas de duas localizações geográficas diferentes na Guatemala. J. Food Prot., 62: 1218-1222.
Merrill, J. R.; Sullaeds, A. H.; Wang, M. C.; Voss, K. A. e Riley, R. T. (2001)."

Sphingolipid metabolism: roles in signal transduction and disruption by fumonisins". Environ. Heal. Perspect., 109: 283-289.
Migheli, Q.; Balmas, V.; Harak, H.; Sanna, S.; Scherm, B.; Aoki, T. e O'Donnell, K. (2010). Diversidade filogenética molecular de isolados dermatológicos e de outros isolados de fusariose patogénica humana de hospitais do norte e centro de Itália. J. Clin. Microb., 48(4):1076-1084.
Miller, J. D. (1994). Produção e purificação de fumonisinas a partir de um fermentador de jarro agitado. Natural. Toxins, 2: 354-359.
Miller, J. D. (2001). Factores que afectam a ocorrência de fumonisina. Environ. Heal. Persp., 109: 321-324.
Mishera, V.; Nag, V.L.; Tandon; R. e Awsthi, S. (2009). Otimização baseada na metodologia de superfície de resposta da eletroforese em gel de agarose para triagem e eletroferotipagem de rotavírus. Appl. Biochemi. Biotech., 160(8): 22-31
Missmer, S.A.; Suarez, L.; Felkner, M.; Wang, E.; Merrill, J. R.; Rothman, K. J. e Hendricks, K. A. (2006). Exposure to fumonisins and the occurrence of neural tube defects along the Texas-Mexico border. Environ. Heal. Perspect., 114: 237-241.
Mogensen, J. M.; Nielsen, K. F.; Samson, R. A.; Frisvad, J. C. e Thrane, U. (2009). Efeito da temperatura e da atividade da água na produção de fumonisinas por *Aspergillus niger* e diferentes espécies *de Fusarium*. BMC microbiology, 9(1): 281: 1-12.
Moghalles, M. A. A. (2004). Deteção de fumonisina B1 e tentativa de a desintoxicar em *Zea mays* L. e o seu efeito biológico nas aves de capoeira. Tese de doutoramento, Faculdade de Agricultura, Universidade de Bagdade.
Moss, M. O. e Thrane U. (2004). Taxonomia *de Fusarium* em relação à formação de tricotecenos. Toxicol. Lett., 153:23-28.
Motelin, G. K.; Haschek, W. M.; Ness, D. K.; Hall, W.F.; Harlin, K. S.; Schaeffer, D. J. e Beasley, V. R. (1994).Caraterísticas temporais e de dose-resposta em suínos alimentados com milho contaminado com micotoxinas de fumonisina. Mycopathologia, 126:27-40.
Moretti, A. N. (2009). Taxonomia do género Fusarium: uma luta contínua entre lumpers e splitters. Proc. Nat. Sci, Matica Srpska Novi Sad, (117): 7-13.
Mule, G., A. Susca, G. Stea e Moretti, A. (2004a). Deteção específica das espécies toxigénicas *Fusarium proliferatum* e *F. oxysporum* de plantas de espargos utilizando primers baseados em sequências do gene da calmodulina. FEMS Microbiol. Lett., 230: 235-240.
Mule,' G.; Susca, A; Stea, G. e Moretti, A. (2004b). Um ensaio PCR específico da espécie baseado no gene parcial da calmodulina para a identificação de *Fusarium verticillioides*, *F. proliferatum* e *F. subglutinans*. Eur. J. Plant Pathol, 110: 495-502.
Munkvold, G. P. e Desjardins, A. E. (1997). Fumonisinas no milho: Can we reduce their occurrence? Plant disease, 81(6): 556-565.
Musser, S. M. e Plattner, R. D. (1997). Composição de fumonisinas em culturas de *Fusarium moniliforme*, *Fusarium proliferatum* e *Fusarium nygami*. J. Agric. Food Chem., 45: 1169-1173.
Nelson, P. E.; Toussoun, T. A. e Marasas, W. F. O. (1983). *Fusarium* species: an illustrated manual for identification. Pennsylvania State University Press, University Park.
Nelson, E. P.; Plattner, D. R.; Schackelford, D. D. e Desjardins, E. A. (1991). Produção de fumonisinas por estirpes de *Fusarium moniliforme* de diferentes substratos e áreas geográficas. Appl. Environ. Microbiol, 58: 984-989.
Nelson, P. E.; Dignani, M. C. e Anaissie, E. J. (1994). Taxonomia, biologia e aspectos clínicos de espécies de *Fusarium*. Clin. Microbiol. Rev., 7 (4): 479-504.
Nicol, R. W. (1998). Análise das toxinas *de Fusarium* no milho e no trigo por

cromatografia em camada fina. Mycopathologia, 142(2): 107-113.
Niderkon, V.; Morgavi, D. P.; Aboab, B.; Lemaire, M. e Boudra, H. (2009). Componente da parede celular e moléculas de micotoxinas envolvidas na ligação de fumonsina B1 e B2 por bactérias do ácido lático. J. Appl. Microbiol, 106: 977-985.
NTP, Programa Nacional de Toxicologia. (2001). Technical Report on the Toxicology and Carcinogenesis Studies of Fumonisin B1 (CAS No. 116355-83-0) in F344/N Rats and B6C3F1 Mice (Feed Studies) [Relatório Técnico sobre os Estudos de Toxicologia e Carcinogénese da Fumonisina B1 (N.º CAS 116355-83-0) em Ratos F344/N e Camundongos B6C3F1 (Estudos de Alimentação)].
Nucci, M. e Anaissie. E. (2002). Infeção cutânea por espécies de *Fusarium* em hospedeiros saudáveis e imunocomprometidos: implicações para o diagnóstico e tratamento. Clin. Infect. Dis., 35: 909-920.
O'Donnell, K.; Sutton, D. A.; Rinaldi, M. G.; Magnon, K. C.; Cox, P. A.; Revankar, S. G. e Robinson, J. S. (2004). Genetic Diversity of Human Pathogenic Members of the *Fusarium oxysporum* Complex Inferred from Multilocus DNA Sequence Data and Amplified Fragment Length Polymorphism Analyses: Evidence for the Recent Dispersion of a Geographically Widespread Clonal Lineage and Nosocomial Origin. Journal of Clinical Microbiology, 42(11): 5109-5120.
Osselaere, A.; Devreese, M.; Goossens, J.; Vandenbroucke, V.; De Baere, S.; De Backer, P. e Croubels, S. (2012). Estudo toxicocinético e biodisponibilidade oral absoluta de desoxinivalenol, toxina T-2 e zearalenona em frangos de corte. Food Chem. Toxicol., 51: 350-355.
Oswald, I.; Marin, D.; Bouhet, S.; Pinton, P.; Taranu, I. e Accensi, F. (2005). Risco imunotoxicológico das micotoxinas para os animais domésticos. Food Addit. Contam., 22: 354-360.
Palmer, L. T. e Kommedahl, T. (1969). Relação entre as espécies de *Fusarium* que infectam as raízes e as infestações de vermes no milho. Phytopathology, 59: 1613-1617.
Palumbo, J. D.; O'keeffe, T. L. e Abbas, H. K. (2008). Interações microbianas com fungos micotoxigénicos e micotoxinas. Toxin Reviews, 27: 261-285.
Park, J. W.; Choi, S.Y.; Hwang, H. J. e Kim, Y. B. (2005). Micoflora fúngica e micotoxinas em arroz polido coreano destinado a seres humanos. Int. J. Food Microbiol, 103: 305-314.
Pascale, M. N. (2009). Métodos de deteção de micotoxinas em grãos de cereais e produtos derivados de cereais. Proc. Nat. Sci., 117: 15-25.
Patino, B.; Mirete, S.; Gonzalez-Jaen, T.; Mule, G.; Rodriguez, T. M. e Vazquez, C. (2004). Ensaio de deteção por PCR de estirpes *de Fusarium verticillioides* produtoras de fumonisina. J. Food Prot., 67(6): 1278-1283.
Peraica, M.; Ljubanovic, D.; Zeljezic, D. e Domijan, A. M. (2008). O efeito de uma dose única de fumonisina B1 no rim de rato. Croat. Chem. Ata., 81 (1): 119124.
Pestka, J. J. (2011). Deoxinivalenol: toxicidade, mecanismos e riscos para a saúde animal. Anim. Feed Sci. Technol., 137: 283-298.
Petrovic, T.; Walsh, J. L.; Burgess L. W. e Summerell, B. A. (2009). Espécies *de Fusarium* associadas à podridão do caule do sorgo no cinturão de grãos do norte da Austrália oriental. Australasian Plant Pathology, 38: 373-379.
Plattner, R. D.; Norred, W. P. ; Bacon, C. W. e Voss, K. A. (1990). Um método de deteção de fumonisinas em amostras de milho associadas a casos de campo de leucoencefalomalaica equina. Mycologia, 82: 698-702.
Preis, R. A. e Vargas, E. A. (2000). Um método para determinar a fumonisina B1 no milho utilizando a limpeza da coluna de imunoafinidade e a cromatografia/densitometria de camada fina. Food Additives and Contaminants, 17(6): 463468.
Proctor, R. H.; Desjardins, A. E.; Plattner, R. D. e Hohn, T. M. (1999). Um gene de

policetídeo sintase necessário para a biossíntese de micotoxinas de fumonisina na população de acasalamento A de *Gibberella fujikuroi*. Fungal Genetics and Biology, 27(1): 100-112.
Rafiq, M. A.; Ali, A.; Malik, M. A. e Hussain, M. (2010). Efeito dos níveis de fertilizantes e densidades de plantas no rendimento e conteúdo proteico do milho plantado no outono. Pak. J. Agri. Sci., 47: 201-208.
Raghvarao , K. S. M.; Ranganathan, T. V. e Karanth, N. (2003). Alguns aspectos de engenharia da fermentação em estado sólido. Biochem. Eng. J., 13(9): 127-135.
Rahjoo, V.; Zad, J.; Javan-Nikkhah, M.; Mirzadi Gohari, A.; Okhovvat, S. M.; Bihamta, M. R.; Razzaghian, N. J. e Klemsdal, S. S. (2008). Identificação morfológica e molecular de *Fusarium* isolado de espigas de milho no Irão. J. Plant Pathology, 90(3): 463-468.
Ramana, M. V.; Balakrishna, K.; Murali, H. S. e Batra, H. V. (2011). Estratégia baseada em PCR multiplex para detetar contaminação com espécies micotoxigénicas *de Fusarium* em arroz e milheto recolhidos no sul da Índia. J. Sci. Food Agric., 91(9): 1666-1673.
Ramana, M. V.; Nayaka, S. C.; Balakrishna, K.; Murali, H. S. e Batra, H. V. (2012). Uma nova sonda PCR-DNA para a deteção de espécies *de Fusarium* produtoras de fumonisina das principais culturas alimentares cultivadas no sul da Índia. Mycology, 3(3): 167-174.
Ramasamy, S.; Wang, E.; Hennig, B. e Merrill, A. H. (1995). Fumonisin B1, altera o metabolismo dos esfingolípidos e perturba a função de barreira das células endoteliais em cultura. Toxicol. Appl. Pharmacol, 133: 343-348.
Ramesh, G. (2012). Sintomas, diagnóstico e fisiopatologia da exposição a micotoxinas. Murray State University, Hopkinsville, Kentucky. EUA.
Ramljak, D.; Calvert, R. J.; Wiensenfeld, P. W.; Diwan, B. A.; Catipovic, B.; Marasas, W. F.; Victor, T. C.; Anderson, L. M. e Gelderblom, W. C. (2000). Um mecanismo potencial para a hepatocarcinogénese mediada pela fumonisina B1: estabilização da ciclina D1 associada à ativação da AKT e inibição da atividade da GSK-3beta. Carcinogen, 21: 1537-1546.
Rheeder, J. P.; Marasas, W. F. O.; Thiel, P. G.; Sydenham, E. W.; Shephard, G. S e Van Schalkwyk, D. J. (1992). *Fusarium moniliforme* e fumonisinas no milho em relação ao cancro do esófago humano em Transkei. Phytopathology, 82: 353357.
Rheeder, J. P.; Marasas, W. F. O. e Vismer, H. F. (2002). Produção de análogos de fumonisina por espécies *de Fusarium*. Appl. Environ. Microbiol, 68: 2101-2105.
Richard, J. L. (2007). Algumas das principais micotoxinas e suas micotoxicoses - Uma visão geral. International J. Food Microbiology, 119: 3-10.
Riley, R. T.; Enongene, E.; Voss, K. A.; Norred, W. P.; Meredith, F. I.; Sharma, R. P. e Merrill, A. H. (2001). Sphingolipid perturbations as mechanisms for fumonisin carcinogenesis. Environmental Health Perspectives, 109 (2):301- 308.
Roseanu, A.; Jecu, L.; Badea, M. e Evans, R. W. (2010). Mycotoxins: Uma visão geral dos seus métodos de quantificação. Romanian J. Biochemistry, 47(1): 79-86.
Ross, P. F.; Rice, L. G.; Reagor, J. C.; Osweiler, G. D.; Wilson, T. M.; Nelson, H. A.; Owens, D. L.; Plattner, R. D.; Harlin, K. A.; Richard, J. L.; Colvin, B. M. e Banton, M. I. (1991) Concentrações de fumonisina B1 em alimentos de 45 casos confirmados de leucoencefalomalácia equina. J. Vet. Diagn. Invest., 3: 238241.
Ross, P. F.; Rice, L.G.; Osweiler, G. D.; Nelson, P. E.; Richard, J. L. e Wilson, T. M. (1992). A review and update of animal toxicoses associated with fumonisin contaminated feeds and production of fumonisins by *Fusarium* isolates. Mycopathologia, 117:109-114.
Rottinghaus, G. E.; Coatney, C. E. e Minor, H. C. (1992). Um procedimento rápido e sensível de cromatografia em camada fina para a deteção de fumonisina B1 e B2.

Journal of Veterinary Diagnostic Investigation, 4(3): 326-329.
Saleem, M. J.; Bajwa, R.; Hannan, A. e Qaiser, T. A. (2012). Micoflora de armazenamento de sementes de milho no Paquistão e seu controle químico. Pak. J. Bot., 44(2): 807-812.
Samapundo, S.; Devliehgere, F.; De Meulenaer, B. e Debevere, J. (2005). Efeito da atividade da água e da temperatura sobre o crescimento e a relação entre a produção de fumonisina e o crescimento radial de *Fusarium verticilloides* e *Fusarium proliferatum* no milho. J. Food Protect, 68:1054-1059.
Sambrook, J.; Fritsh, E. F. e Maniatins, T. (1989) "Molecular Cloning: A Laboratory Manual". 2nd ed. Cold spring Harbor Laboratory, Nova Iorque. EUA.
Schollenberger, M.; Muller, H.M.; Rufle, M.; Suchy, S.; Plank, S. e Drocher, W. (2006). Ocorrência natural de 16 toxinas *de Fusarium* em grãos e alimentos para animais de origem vegetal da Alemanha. Mycopathol., 161: 43-52.
Schroeder, J. J.; Crane, H. M.; Xia, J.; Liotta, D. C. e Merrill, A. H. (1994). Disruption of sphingolipid metabolism A molecular mechanism for carcinogenesis associated with *Fusarium moniliforme*. J. Biol. Chem., 269: 3475-3481.
Schwerdt, G.; Königs, M.; Holzinger, H.; Humpf, H. U. e Gekle, M. (2009). Efeitos da micotoxina fumonisina B1 na morte celular em células renais humanas e fibroblastos de pulmão humano em cultura primária. J. Appl. Toxicol., 29: 174-182.
Scott, P. M. e Lawrence, G. A. (1995). Análise da cerveja para fumonisinas. J. Food Prot., 58:1379-1382.
Scott, J.; Akinsanmi, O.; Mitter, V.; Simpfendorfer, S.; Dill-Macky, R. e Chakraborty S. (2004). Prevalência de agentes patogénicos da podridão da coroa *de Fusarium* no trigo no sul de Queensland e no norte de Nova Gales do Sul. 12th AAC, actas do 4º Congresso Internacional de Ciências Agrícolas, Brisbane, Austrália.
Seefelder, W.; Humpf, H. U.; Schwerdt, G.; Freudinger, R. e Gekle, M. (2003). Indução de apoptose em células de túbulos proximais humanos em cultura por fumonisinas e metabolitos de fumonisinas. Toxicol. Appl. Pharmacol, 192: 146-153.
Seo, J. A. e Lee, Y. W. (1999). Natural occurrence of the C series of fumonisins in moldy corn, Appl. Environ. Microbiol, 65: 1331-1334.
Shalaby, F. e Mahmoud, E. (2010). Estudo histopatológico sobre o efeito da contaminação da dieta com fumonisina B1 no fígado, rim, pulmão e cérebro de coelhos da Nova Zelândia. Egyp. J. Natur. Toxins, 7: 103-128.
Shephard, C. S.; Sydenham, E. W.; Thiel, P. C. e Gelderblom, W. C. A. (1990). Determinação quantitativa de fumonisina B1 e B2 por cromatografia líquida de alta eficiência com deteção de fluorescência. J. Liq. Chromatogr., 13:2077-2087.
Shephard, G. S. (1998). Chromatographic determination of the fumonisin mycotoxins. J. Chromatography, A 815(1): 31-39.
Shim, W. B. e Woloshuk, C. P. (1999). Repressão por azoto da biossíntese de fumonisina B1 em *Gibberella fujikuroi*. FEMS Microbiol. Lett., 177: 109-116.
Smith, D. e Onions, A. H. S. (1994). The Preservation and Maintenance of Living Fungi (Preservação e Manutenção de Fungos Vivos). 2nd ed. Wallingford, Reino Unido: CAB International.
Sobek, E. A. (1996). Associações entre insectos do milho e infeção sintomática e assintomática do grão de milho por *Fusarium moniliforme*. Tese de Mestrado. Universidade Estadual de Iowa, EUA.
§opterean, L. M. e Puia, C. (2012). Revisão; As Principais Micotoxinas Produzidas por Fungos *Fusarium* e seus Efeitos. Pro Environment, 5: 55-59.
Soriano, J. M.; González, L. e Catalá, A. L. (2005). Mecanismo de ação dos esfingolípidos e seus metabolitos na toxicidade da fumonisina B1. Prog. Lipid Res., 44: 345-356.
Sreenivasa, M. Y.; Dass, R. S.; Raj, A. P. C. e Janardhana, G. R. (2008). Método PCR

para a deteção do género *Fusarium* e de isolados produtores de fumonisina a partir de grãos de sorgo recém-colhidos cultivados em Karnataka, Índia. J. Food Safe, 28: 236-247.
Sreenivasa, M. Y.; Diwakar, B. T.; Raj, A. P. C.; Dass, R. S.; Naidu, K. A. e Janardhana, G. R. (2012). Determinação do potencial toxigénico de espécies de *Fusarium* que ocorrem em grãos de sorgo e milho produzidos em Karnataka, Índia, utilizando a cromatografia em camada fina. Internatio. J. Life Scien., 6: 31-36.
Stack, M. E. (1998). Análise da fumonisina B1 e do seu produto de hidrólise em tortilhas. J. AOAC Int., 81: 737-740.
Steyn, P. S. (1995). Micotoxinas, visão geral, química e estrutura. Toxicol. Lett., 82: 843-851.
Stockmann-Juvala, H. e Savolainen, K. (2008). Uma revisão dos efeitos tóxicos e dos mecanismos de ação da fumonisina B1. J. Hum. Exp. Toxicol., 27(11): 799809.
Stumpf, R.; Dos Santos, J.; Gomes, L. B.; Silva, C. N.; Tessmann, D. J.; Ferreira, F. D. e Del Ponte, E. M. (2013). Espécies *de Fusarium* e fumonisinas associadas a grãos de milho produzidos no Estado do Rio Grande do Sul nas safras 2008/09 e 2009/10. Brasil. J. Microbiol., 44(1): 89-95.
Sydenham, E. W.; Gelderblom, W. C. A.; Thiel, P. G. e Marasas, W. F. O. (1990a). Evidence for the natural occurrence of fumonisin B1, a mycotoxin produced by *Fusarium moniliforme* in corn. J. Agric. Food Chem., 38: 285 - 290.
Sydenham, E. W.; Thiel, P. G.; Marasas, W. F. O.; Shephard, G. S.; Van Schalkwyk, D. J. e Koch, K. R. (1990b). Natural occurrence of some *Fusarium* mycotoxins in corn from low and high oesophageal cancer prevalence areas of the Transkei, Southern Africa. J. Agric. Food Chem., 38: 1900 - 1903.
Sydenham, E. W.; Shephard, G. S.; Thiel, P. G.; Marasas, W. F. O. e Stockenstrom, S. (1991). Fumonisin contamination of commercial corn based human foodstuffs. J. Agric Food Chem, 39: 2014-2018.
Tancic, S.; Stankovic, S.; Levic, J.; Krnjaja, V. e Vukojevic, J. (2012). Diversidade dos isolados *de Fusarium verticillioides* e *F. proliferatum* de acordo com o seu potencial de produção de fumonisina B1 e origem. Genetika, 44(1): 163-176.
Tavasoly, A.; Kamyabi-moghaddam, Z.; Alizade, A.; Mohaghghi, M.; Amininajafi, F.; Khosravi, A. e Solati, A. (2013). Alterações histopatológicas da mucosa gástrica após administração oral de fumonisina B1 em ratos. Patologia Clínica Comparativa, 22(3): 457-460.
Tolleson, W. H.; Dooley, K. L.; Sheldon, W. G.; Thurman, J. D.; Bucci, T. J. e Howard, P. C. (1996). A micotoxina fumonisina induz apoptose em células humanas cultivadas e no fígado e rim de ratos. in: L. Jackson (Ed.), Fumonisins in Food, Plenum Press, New York, 237-250.
Trucksess, M. W. (2001). Análise rápida (métodos cromatográficos em camada fina e imunoquímicos) de micotoxinas em géneros alimentícios e alimentos para animais.) In: De Koe, W. J.; Samson, R. A.; Van Egmond, H. P.; Gilbert, J.; Sabino, M. eds. Mycotoxins and Phycotoxins in Perspective at the Turn of the Millennium, W. J. de Koe, Wageningen, Países Baixos, 29-40.
Trung, T. S.; Tabuc, C.; Bailly, S.; Querin, A.; Guerre, P. e Bailly, I. D. (2008). Micoflora fúngica e contaminação do milho do Vietname com Aflatoxina B1 e Fumonisina B1. World Myco. J., 1(1): 87-94.
Turner, N. W.; Subrahmanyam, S. e Piletsky, S. A. (2009). Métodos analíticos para a determinação de micotoxinas: uma revisão. Analytica. Chimica. Ata., 632(2): 168-180.
Ueno, Y.; Lijima, K.; D-Wang, S. D.; Sugiura, Y.; Sekijima, T.; Tanaka, T.; Chen, C. e Yu, S. Z. (1997). As fumonisinas como um possível fator de risco contributivo para o cancro primário do fígado: Um estudo de 3 anos de milho colhido em Haimen, China, por HPLC e ELISA. Food Chem. Toxicol., 35: 1143-1150.

Vasavada, A.B. e Hsieh, D. P. G. (1987). Produção de 3-acetildeoxinivalenol por *Fusarium graminearum* R-2118 em culturas submersas. Appl. Microbiol. Biotechnol, 26: 517-521.
Verheye, W. (2010). Crescimento e Produção de Milho: Cultivo tradicional com poucos factores de produção. Solo, crescimento de plantas e produção de culturas. Enciclopédia dos Sistemas de Apoio à Vida (EOLSS). Bélgica.
Vincelli, P. e Parker, G. (2002). Fumonisin, vomitoxin, and other mycotoxins in corn produced by *Fusarium* fungi. ID-121. Universidade do Kentucky, Serviço de Extensão Cooperativa. EUA.
Visconti, A. e Doko, M. B. (1994). Estudo da produção de fumonisina por *Fusarium* isolado de cereais na Europa. Journal of AOAC International, 77: 546-550.
Visentin, I.; Tamietti, G.; Valentino, D.; Portis, E.; Karlovsky, P.; Moretti, A. e Cardinale, F. (2009). A região do Espaçador Interno Transcrito como discriminador taxonómico entre *Fusarium verticillioides* e *Fusarium proliferatum*. Mycological research, 113(10):1137-1145.
Vismer, H. F.; Snijman, P. W.; Marasas, W. H. O. e Schalkwyk, D. J. (2004). Produção de fumonisinas por estirpes *de Fusarium verticillioides* em meio sólido e num meio líquido definido - Efeitos da L-metionina e do inóculo. Mycopathologia, 158:99-106.
Voss, K. A.; Riley, R. T.; Norred, W. P.; Bacon, C. W.; Meredith, F. I.; Howard, P. C.; Plattner, R. D.; Collins, T. F. X.; Hansen, D. K.; e Porter, J. K. (2001). Uma visão geral das toxicidades em roedores: Liver and kidney effects of fumonisins and *Fusarium moniliforme*. Environ. Health Perspect, 109 (2):259-266.
Voss, K. A.; Smith, G. W. e Haschek, W. M. (2007). Fumonisinas: Toxicocinética, mecanismo de ação e toxicidade. Anim. Feed Sci. Technol., 137:299-325.
Wan Norashima, W. M.; Abdulamir, A. S.; Abu Bakar, F.; Son, R. e Norhafniza, A. (2009). Os efeitos adversos para a saúde e tóxicos da micotoxina fúngica *de Fusarium*, fumonisinas, na população humana. Jornal Americano de Doenças Infecciosas, 5: 273-281.
Wang, E.; Norred, W. P.; Bacon, C. W.; Riley, R. T. e Merrill, A. H. (1991). Inibição da biossíntese de esfingolípidos por fumonisinas. Implicações para doenças associadas a *Fusarium moniliforme*. J. Biol. Chem., 266: 1448614490.
Wang, J.; Wang, X.; Zhou, Y.; Duc, L. e Wang, Q. (2010). Deteção de fumonisinas e análise de potenciais *Fusarium* spp. produtores de fumonisinas em espargos (*Asparagus officinalis*. L.) na província de Zhejiang, na China. J. Sci. Food Agric., 90(5): 836-842.
Wang, Y. C.; Wang, J.; Wang, Y. K. e Yan, Y. X. (2011). Preparação de anticorpos monoclonais e desenvolvimento de um ELISA competitivo indireto para deteção de fumonisina B-1. Jornal da Universidade de Shanghai Jiao Tong (Ciência Agrícola), 29(2): 69-74.
Wang, S. K.; Wang, T. T.; Huang, G. L.; Shi, R. F.; Yang, L. G. e Sun, G. J. (2014). Estimulação da proliferação de células epiteliais esofágicas normais humanas pela fumonisina B1 e seu mecanismo. Medicina Experimental e Terapêutica, 7: 55-60.
Warfield, C. Y. e Gilchrist, D. G. (1999). Influence of Kernel Age on Fumonisin B1 Production in Maize by *Fusarium moniliforme*. Microbiologia Aplicada e Ambiental, 65 (7): 2853-2856.
Weibling, T. S.; Ledoux, D. R.; Bermudez, A. J.; Turk, J. R. e Merrill, J. (2001). Effects of feeding *Fusarium moniliforme* culture material containing known levels of fumonisin B1 on the young broiler chick. Poult. Sci., 7: 266-271.
OMS, Organização Mundial de Saúde. (2000). Fumonisin B1. (Critérios de Saúde Ambiental 219), Programa Internacional de Segurança Química, Organização Mundial de Saúde, Genebra, 1-87.
OMS, Organização Mundial de Saúde. (2002a). Evaluation of Certain Mycotoxins in Food. Série de relatórios técnicos da OMS, 906: 1-44.

OMS, Organização Mundial de Saúde. (2002b). Evaluation of Certain Mycotoxins in Food. 56º relatório do Comité Misto FAO/OMS de Peritos em Aditivos e Contaminantes Alimentares (JEFCA), Relatório Técnico da OMS, 906: 16-27.
Wickern, G. M. (1993). Sinusite fúngica alérgica *a Fusarium*. J. Allergy Clin. Immunol, 92: 624-625.
Wilson, T. M.; Nelson, P. E.; Marasas, W. F. O; Thiel, P. G.; Shephard, G. S.; Sydenham, E. W.; Nelson, H. A. e Ross, P. F. (1990a). A mycological evaluation and *in vivo* toxicity evaluation of feed from 41 farms with equine leukoencephalomalacia. J. Vet. Diagn. Invest., 2: 352-354.
Wilson, T. M.; Ross, P. F.; Rice, L. G.; Osweiler, G. D.; Nelson, H. A.; Owens, D. L.; Plattner, R. D.; Reggiardo, C.; Noon, T. H. e Pickrell, J. W.(1990b). Fumonisin B1 levels associated with an epizootic of equine leukoencephalomalacia. J. Vet. Diagn. Invest., 2: 213-216.
Yazar, S. e Omurtag, G. Z. (2008). Fumonisinas, Tricotecenos e Zearalenona em cereais. Internatio. J. Molecul. Scien., 9: 2062-2090.
Yoo, H. S.; Norred, W. P.; Showker, J. e Riley, R. T. (1996). Bases esfingóides elevadas e depleção de esfingolípidos complexos como factores que contribuem para a citotoxicidade induzida pela fumonisina. Toxicol. Appl. Pharmacol., 138(2): 211-218.
Yoshizawa, T.; Yamashita, A. e Luo, Y. (1994). Ocorrência de fumonisinas no milho proveniente de zonas de alto e baixo risco de cancro do esófago humano na China. Appl. Evironm. Microbiol, 60: 1626 -1629.
Zain, M. E. (2011). Impacto das micotoxinas nos seres humanos e nos animais. J. Saudi Chem. Soc., 15: 129-144.
Zhen, Y. Z.; Yang, W. X. e Yang, S. L (1984). A cultura e o isolamento de fungos dos cereais em cinco municípios de alta e três de baixa incidência de cancro do esófago na província de Henan. Chinese J. Oncol, 6(11): 27-29.

Printed by Books on Demand GmbH, Norderstedt / Germany